NEUROBIOLOGIA DEL INTELECTO

LIBRO CUARTO

"EN BUSCA DEL PENSAMIENTO PERDIDO"

Algunas Disquisiciones Sobre la
Frenología y la Topografía Cortical

ENSAYOS NEUROEPISTEMOLÓGICOS

YURI Q. ZAMBRANO, M.D.

2014

EDITORES

NBi

NEUROBIOLOGÍA DEL INTELECTO
LIBRO CUARTO: "EN BUSCA DEL TIEMPO PERDIDO: Algunas disquisiciones sobre la frenología y la topografía cortical. Ensayos Neuroepistemológicos.

Primera Edición.

EDITORES
(E-mail: neuronalself@gmail.com).

International Standard Book Name:
ISBN 978-1-291-71833-1

IMAGEN EN PORTADA: "En Busca del Pensamiento Perdido", desarrollada integralmente bajo recursos originales de diseño autoral, Basada en reportes clásicos de Johan Spurzheim.

Diseño e Impresión: Telaraña Editores

Impreso en México.

Arial 12 pts. mayor parte del texto y Bibliografías en Times New Roman, 10 pts. Títulos y estilo acordes a convenciones generales. Gráficas debidamente reseñadas y bibliografiadas, según derechos internacionales de autor.

¿Cuándo comienza el aprendizaje?

Hay una brecha considerable entre conocer el nombre de las cosas, **re**-conocer el nombre de esas cosas, y entender finalmente tales cosas.

Cuando creemos comprenderlas, apenas nace el concepto.

A todo eso, hay que darle vueltas constantemente!

Tenochtitlan, Enero 22, 1989.

Le Faux Miroir, 19 x 27 cm. Óleo sobre tela.
Museo de Arte Moderno de Nueva York
René Magritte, 1928

Contenido

LIBRO CUARTO

EN BUSCA
DEL PENSAMIENTO PERDIDO
Algunas Disquisiciones Sobre la
Frenología y la Topografía Cortical

MÓDULO 12

APROXIMACIONES AL ESTUDIO DE LA FISIOLOGÍA CORTICAL

MÓDULO 13

EL MAPEO CORTICAL

MÓDULO 14

MÓDULO 15

MÓDULO 16

MÓDULO 17

PROEMIO PARA LA EDICION TOTAL

Después de mucho considerarlo y ponderar si "Neurobiología del Intelecto", — un tratado sobre el devenir de la neurobiología y sus aplicaciones a las funciones cognitivo-intelectuales y concienciales—, debería ser fraccionado; se decidió realizar la edición de esta apoteósica obra - con más de 1500 hojas (en A4) -, integrando publicaciones más breves. Es decir, volúmenes con exégesis a manera de *epítomes* o compendios como si fueran excerptas que pudiesen ser digeribles y más abiertas al lector interesado en dilucidar los enigmas que la neurobiología nos ofrece, para entender, el cómo se estructura el curso del pensamiento intelectual.

Originalmente la obra, fue finalizada hace 10 años, en más de 64 módulos con apéndices algorítmicos que sustentan la teoría de la epistemología neuronal (TEN). Estos módulos, obedecen a la nueva perspectiva de procesamiento neuronal, basada en modelos distribuidos, donde la información es procesada jerárquicamente en columnas neuronales; siguiendo además, los cánones de reverberación sináptica Hebbiana, útiles para consolidar los procesos de memoria y aprendizaje.

La obra está dispuesta en cinco partes, dividida didácticamente en módulos, iniciando desde conocimientos muy superficiales hasta la explicación de complejos mecanismos de procesamiento neuronal que se dan en las funciones de alto orden conciencial.

Así pues, la primera parte relaciona a la infraestructura del pensamiento, describiendo la función integral molecular de la neurona hasta los mecanismos que se utilizan para generar información coherente y sincronizada produciendo actividad intelectual. La segunda y tercera partes, tratan sobre fisiología y dinámica neuronal integrativa, desde la función biofísica de canales iónicos y la liberación de neurotransmisores, hasta la explicación de la integración de redes neuronales por mecanismos de retropropagación y algorítmicos. Las dos partes finales, contienen módulos de función cerebral superior como mecanismos de memoria e integración conciencial, describiendo la actividad neuronal que subyace en los estados amplificados de la conciencia, y también en los estados básicos de conciencia.

En esta colección de volúmenes, el autor, en titánica recopilación, busca la actualización de sus bibliografías con casi 30 años de estudio en el tema, y además orientándolo por primera vez en español, hacia la Neuroepistemología; recurriendo al método científico, a la investigación en conciencia y a las redes neuronales que la generan; completamente analizadas desde el punto de vista de la TEN.

Este trabajo se presenta como una alternativa inicial, útil para diversificar el pensamiento y abrir opciones de búsqueda a nuevos investigadores que objetivamente, conforman la substancia de la esperanza humana.

A continuación la *summa neurobiológica* original, de la que se desglosarán las exégesis pertenecientes a "Neurobiología del Intelecto".

YURI ZAMBRANO

NEUROBIOLOGIA DEL INTELECTO

"SUMMA   NEUROBIOLÓGICA"

- PARTE I -
INFRAESTRUCTURA DEL PENSAMIENTO

1. QUÉ ES LA NEUROBIOLOGÍA.

Módulo

1. De los Diversos Aspectos de la Neurobiología
2. De sus Herramientas Experimentales
3. Perspectiva Pragmático-Evolutiva de la Neurobiología Conductual
4. La Neuroimagen: una Estación de Relevo Futurista

2. El Fascinante Sistema Nervioso:
LA COMPLEJA MAQUINARIA FUNCIONANDO

Módulo

5. Principios Básicos Neuroanatómicos
6. Neurogénesis

LAMINAS ANEXAS

3. LA ULTRANEURONA,
O EL PARADIGMA DE LA ESPECIFICIDAD

Módulo

7. Cómo Funciona
8. El Tráfico Endosómico de Proteínas
9. La Personalidad De Las Neuronas
10. El Sorprendente Escenario Cerebelar
11. Sinaptogénesis y Guía del Axón.

B. DE LA CONFLUENCIA DE LOS ELEMENTOS

7. DE LOS IONES A LA MEMBRANA.

Módulo

25. El Movimiento de Iones y La Generación Del Potencial De Acción
26. De Los Fundamentos Integrativos Para la Comunicación Neuronal.
27. Proteínas De Predominio Transmembranal Implicadas en la Comunicación Neuronal.
28. La Crítica Señalización Intracelular

8. ATENCIÓN: SINAPSIS TRABAJANDO

Módulo

29. Componentes Electroquímicos De La Sinapsis
30. Liberación De Neurotransmisores
31. Modulación Presináptica e Integración Neuronal

- PARTE III -
REDES NEURONALES

9. EL PROCESAMIENTO DE LA INFORMACIÓN INTELECTUAL

Módulo

32. El Centro de Múltiples Correspondencias
33. Redes Neuronales que son Imprescindibles
34. Importancia de los Neurotransmisores en la Modulación de las redes neuronales

10. QUÉ ES UN MODELO NEURONAL.

Módulo

35. De La Neurobiología Experimental Clásica a la Yoctocomputación
36. El modelo Neural del Proceso Matemático

11. HACIA UNA NUEVA CONCEPCIÓN DEL PROCESAMIENTO NEURONAL

Módulo

37. Conceptos Clásicos
38. Modelos Alternos De Procesamiento
    en las Funciones Cerebrales Superiores
39. Conexionismo
40. El Modelo Conexionista para
    acceder a la Fenomenología de la Conciencia
APENDICE ALGORITMICO DE LA TEN
(Incluye Sub-Apéndice Cuántico)

- PARTE IV -
LAS APLICACIONES DE ALTO ORDEN

12. BASES MOLECULARES PARA GOZAR DE UNA MEMORIA SORPRENDENTE

Módulo

41. Bases Neurofisiológicas y Moleculares
    de la Memoria
42. El Papel De Los Promotores Genéticos

13. LOS SISTEMAS DE MEMORIA Y LAS CORTEZAS DE ASOCIACIÓN

43. Sistemas De Memoria y sus Mecanismos
    de Almacenamiento y Recuperación
44. Su Relación con el Lóbulo Temporal
45. La Corteza Prefrontal

14. DEL OLVIDO AL NO ME ACUERDO
(Memoria Emocional y Afectiva)

Módulo

46. La Integración de la Respuesta Emocional
47. La Memoria Y Las Hormonas
48. Las Emociones: ¿Se Archivan? O Se Descartan...

15. HABLANDO SE ENTIENDE LA GENTE

Módulo

- PARTE V -
NIVELES DE CONCIENCIA Y COGNICIÓN

16. CONCEPCIÓN NEUROBIOLÓGICA DE LA CONCIENCIA

Módulo

17. LOS NIVELES DE PERCEPCIÓN EN LA CLÍNICA DE LA CONCIENCIA

Módulo

18. LOS NIVELES DE LA PERCEPCIÓN EXTRASENSORIAL

Módulo

19. LA SUBLIMACIÓN DEL INTELECTO Y LA NEUROEPISTEMOLOGÍA.

Módulo

APÉNDICE X
SEX~cUALIDAD Y CEREBRO

Módulo

INTRODUCCION A LA OBRA EN PARTICULAR

LIBRO CUARTO

EN BUSCA
DEL PENSAMIENTO PERDIDO
Algunas Disquisiciones
Sobre la Frenología y la Topografía Cortical

Es difícil, y más a medida que el conocimiento se sumerge en las increíbles profundidades de las opciones de exploración que brinda la corteza cerebral, tratar de analizar en pocas páginas la relevancia de sus portentosas cualidades funcionales; en especial, sus perspectivas de aplicación.

Muchas son las obras y los representantes de sus investigaciones a través de la historia y, realmente, no se trata de hacer un inventario de todas ellas, ya que esto sería tema de monumentales títulos que, en conjunto, bajo la exclusiva dirección de devotos expertos dedicados toda la vida a develar tales enigmas, incluirían la respetabilísima redacción de varios tomos. La detallada bibliografía correspondiente a este capítulo es muestra fehaciente de la mencionada premisa.

Disertar sobre las inferencias que hace siglos realizaban eminentes pensadores, y la evolución de cómo se planteaban los experimentos para comprobar sus hipótesis, podría ser uno de los razonamientos didácticos por el que existe este escrito. Enfrentar el asombroso y ejemplarmente perfecto -tanto en elaboración como en disposición-, recurso de la estratificación cortical, realmente es muy atractivo.

Esto ofrece, desde una perspectiva evolutiva, apreciar el procesamiento de ciertas funciones perceptivas, somático-sensoriales y de asociación, que aún siguen siendo investigadas bajo la prescripción de innovadores mapas apoyados en la computación tridimensional y, por supuesto, entendiendo la característica de cada célula al establecer una conexión, al generar funciones de alto orden que van desde la fundamental integración sensorio-motora, hasta actos de cognición más complejos de orden visuo-espacial, construccional, cognitivo-afectivo e incluso conciencial.

Independientemente de que el estudio de la conciencia sea un *considerando esencial* para las neurociencias y la filosofía de la mente, no se puede acceder a lo indispensable cuando se carece de elementos primigenios. Por tanto, para entender los fenómenos de la conciencia, hay que conocer las múltiples variables de la función celular cortical y, más concitadoramente, de las interacciones hemisféricas, al igual que la dominancia y las asimetrías que se generan en cada uno de estos componentes. Así, se hace necesario presentar en este libro, un apartado sobre la trascendencia de la función bihemisférica y su correlato intelectual.

Dentro de las habilidades cognitivas que precisan complejidad, se analizan, como sustento de la gran representatividad de algunas de las muchas tareas de alto procesamiento cortical, en especial, los eventos asociados con vanguardistas paradigmas neurobiológicos que participan en la generación mental de la imagen, eventos emergentes *per natura* del reino animal.

EL AUTOR

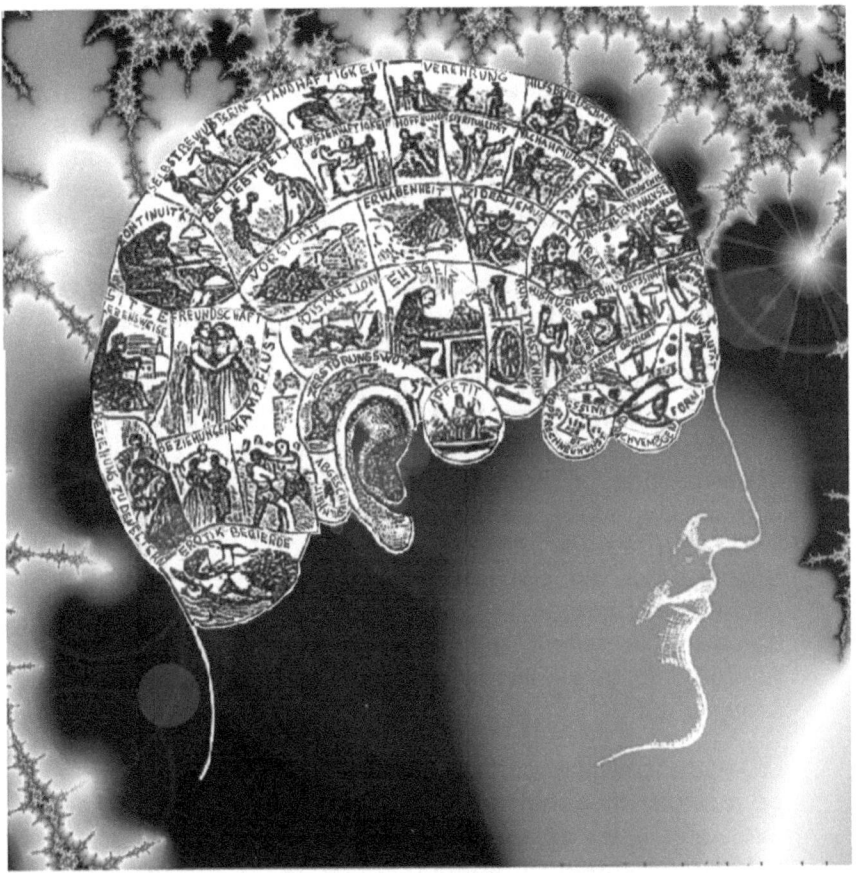XIII

DE LA PORTADA

Entonces la materia ha adquirido tal grado de fijación que el fuego ya no sabría destruirla... Cuando el artista reconoce la blancura perfecta, dicen los filósofos que hay que hacer trizas los libros, pues ya no sirven para nada.

Dictionnaire Mytho-Hermetique,
Dom J. Pernety,
París, Bauche, 1758, ***"Blancheur"***

EN BUSCA DEL PENSAMIENTO PERDIDO...

Hace casi 200 años, Johann G. Spurzheim y primeramente, Franz J. Gall, fundamentaron en Europa las bases de la frenología, cuyas referencias originales, presumiblemente, debieron elaborarse en lenguaje ario o galo. Coincidencialmente, tales documentos escritos aparecen en nuestros días, mayormente traducidos al inglés, gracias a las publicaciones que se hicieron tras su difusión en América, medio siglo después; dejando cada vez más borrosa la efigie de sus indicaciones en *lengua mater*, cubriéndolas deliberadamente bajo el vapor del tiempo con léxico sajón. Algunas de las localizaciones cerebrales, que en alemán más llaman la atención, son la terquedad (*Standhaftigkeit*), el sentido de la ambición (*Ehrgeiz*), la autoestima (*Selbstbewußtsein*). Nótese que al lóbulo occipital, se le otorgaban funciones afectivas o relacionadas con principios de estabilidad emocional, como el sedentarismo (*Sitzelebensweise*), el deleite erótico (*Erotik Begierde*), empatía conyugal (*Beziehungen*), amistad *(Freundschaft)*, etc; mientras que razonamientos cognitivos de alto orden, como el análisis comparativo, el cálculo, el razonamiento espacial o el concepto de la ubicación *(ortsinn)*, así como el sentido del tiempo *(Zeitgefühl)*, la estética y el lenguaje, sí se situaban en área frontal.

La estructuración cortical, es el más fiel ejemplo de perfección filogenética que evidencia el grado de evolución y especialización neuronal. En alusión a su estético acomodamiento topográfico, el original del texto del diccionario mito-hermético de 1758, por una casa editorial parisina reza:

lorsque l'artiste voit la parfaite blancheur
les philosophes disent qu'il faut déchirer les livres,
parce qu'ils deviennent inutiles.

Dom J. Pernethy,
Dictionnaire mytho~hermetique
Paris, Bauche 1758. Blancheur.

CREENCIA NEUROBIOLÓGICA

En algún espacio de *terra firme*,
al sureste de los lagos glaciares
del Sol y de la Luna,
Dentro del cráter del Volcán Xinantecatl.
(Noviembre 16 de 1996, 01:43 am.)

Creo en la sinapsis de Sherrington,
señora y dadora de vida
que procede
del cono de crecimiento axonal
y de la unión neuromuscular,
primera transformación
de lo invisible a lo visible,
proceso de expansión de un sistema.

Creo en la liberación de
Neurotransmisores,
nacida de la despolarización neuronal
antes de la inhibición presináptica
y en los eventos que la componen.
Efecto de efectos moleculares
Luz de luz,
engendrados no creados
de la misma naturaleza biológica
de los ácidos nucleicos,
por quien todo fue hecho;

Que por nuestra salvación
fue crucificada en tiempos apoptóticos,
y por obra evolutiva,
fue ascendida a unidad neuronal,

sentándose a la derecha de la ciencia,
y de nuevo vendrá con gloria
para juzgar a crédulos y escépticos,
y su reino no tendrá fin.

Creo en la santa coherencia neuronal,
que procede de una armonía
sincrónica,
que por los dos anteriores
recibe comandos genéticos
predeterminados,
adoración y gloria,
dedicación y sustento;
y que habla por nuestros
comportamientos.

Y en la Neurobiología
que es una santa,
científica y apostólica
confieso que hay varios textos
para el perdón de nuestra ignorancia
esperamos la resurrección del
entendimiento
y la conversión del mañana
en prehistoria

Amén.

MENCIÓN REFERENCIAL

SIMULADOR DE RMN***

Las figuras de RMN en este libro, fueron didácticamente procesadas para una mayor ejemplificación de la función cerebral. Sus correlatos de estereotaxia son acordes con experimentos clásicos de neurociencias cognitivas.

Las ilustraciones educativas fueron íntegramente desarrolladas por el autor siguiendo las coordenadas clásicas (xyz) de J. Tailairach y P. Tournaux, identificando estructuras cerebrales claves. Para alcanzar tal objetivo, fue usado un software de simulación 3D, basado en ecuaciones de Bloch, Algoritmos y otras rutinas de procesamiento de imágenes, diseñadas por Alan C. Evans, Remi Kwan y Bruce Pike del Centro McConnell de Imágenes Cerebrales, asociado al Instituto Neurológico de Montreal y a la Universidad de Mc Gill, con el apoyo multidisciplinario de profesionales en Ingeniería biomédica, ciencias computacionales, física médica, neurología, neurocirugía, matemáticas aplicadas, ingeniería eléctrica y psicología, entre otras disciplinas.

Kwan RK.-S, Evans AC & Pike GB (1999) MRI simulation-based evaluation of image-processing and classification methods" IEEE Transactions on Medical Imaging. 18(11):1085-97.

Más información:
R. K.-S. Kwan, A. C. Evans, and G. B. Pike, An Extensible MRI Simulator for Post- Processing Evaluation, Visualization in Biomedical Computing (VBC'96). NOTAS EN: Computer Science, vol. 1131, Springer-Verlag, 135-140, 1996. Artículo disponible en versión *html*, postscript (1M).

XVIII

« EN BUSCA DEL PENSAMIENTO PERDIDO... »:

ALGUNAS DISQUISICIONES SOBRE LA FRENOLOGIA Y LA TOPOGRAFIA CORTICAL

Módulo 12

APROXIMACIONES AL ESTUDIO DE LA FISIOLOGIA CORTICAL

12.1 EL DESLUMBRANTE JARDIN CORTICAL

Si desplegásemos el contenido de la extensión cortical de un cerebro, cuyo peso promedio es de alrededor de kilo y medio, a manera de un manto delgado, y este tejido fuera aplanado para fines de medición, nos sorprendería saber que la superficie de la corteza cerebral, desdoblada y aplanada hasta lograr un grosor de 3 o 4 mm, tiene un área total de 2600 cm^2: ¡una alfombra de casi tres metros cuadrados y medio centímetro de espesor! Lo sobresaliente de esta interesante conjunción de capas es que contiene 28 x 10^9 neuronas (casi la tercera parte de la densidad celular de todo el SNC), una cifra muy cercana a la que le corresponde a la neuroglia.

Las neuronas corticales son conectadas con un número de células y sinapsis mayor a las 10^{12} capacidades de conexión (Ver Libro 1, Tabla 1, Estadísticas Neuronales). Esta corteza es organizada en seis láminas horizontales y por grupos corticales modulares llamados columnas, que atraviesan verticalmente cada estrato dispuesto horizontalmente, estableciendo sinapsis que determinan comandos de procesamiento encefálico de orden superior . Cada minicolumna presente en primates puede llegar a contener entre 80 y 100 neuronas, y éstas incluyen gran parte de los fenotipos celulares corticales agrupados en disposición vertical (Mountcastle, 1997).

Los científicos han cuantificado por neuroestereología (Pakkenberg & Gundersen, 1997, Mouton, 2014) algunas propiedades cuantitativas de la corteza cerebral, en estados fisiológicos y patológicos (Stark et al, 2007). Con esta metodología, se han contado un promedio de 19.3 billones de neuronas corticales en mujeres y 22.8 billones para hombres, entre 35 y 40 billones de células gliales –solo en corteza-. Igualmente, aunque se ha referido un potencial de entre 6 mil y 13 mil sinapsis por neurona (De Felipe et al, 2002), esto arrojaría (10 mil x 24-28 billones) un promedio de 240-280 mil billones de probabilidades sinápticas, mientras otro grupo de expertos calcula 240 trillones de sinapsis (Koch, 1999). Sin embargo, otra cifra calculada por neuroestereología, aproxima el potencial sináptico a $(0,15 \times 10^{15})$, o sea, a un orden probabilístico (de quince ceros a la derecha) de interacciones sinápticas (Pakkenberg et al, 2003; Stark et al, 2007),

Tales caracterizaciones concuerdan con datos relativos de la neurobiología comparativa presente en áreas neocorticales (De Felipe et al, 2002), observando la gran diversidad funcional-oscilatoria y evolutiva de las interneuronas GABAergicas en la corteza (De Felipe et al 2013, Buzsaky, 2013), y orientando estas estadísticas hacia la categorización taxonómica de la Teoría de la Epistemología Neuronal (Zambrano, 2012, 2014). En procesos neuropatológicos, la pérdida celular cortical, promedia las 85 mil neuronas neocorticales por día. Esto quiere decir, que en periodos neurodegenerativos, envejecimiento neuronal o stress celular (cuando no brindamos el oxígeno adecuado a nuestras células), se nos muere una neurona por segundo (alrededor de 31.5

millones de neuronas por año) (Pakkenberg et al, 2003),

12.2 LOS PROPÓSITOS DE LA EVOLUCION CORTICAL

Desde el punto de vista filogenético, es evidente que la elaborada y encumbrada estratificación cortical humana, significa sin duda un triunfo evolutivo. Es el reflejo del máximo grado de madurez y perfección en la escala laminar anatomo-fisiológica de los seres vivos: lo que biológicamente correspondería, sin discrepante alguno, al pináculo de la ontogenia celular.

Las diferentes modalidades topográficas corticales de la neurobiología comparativa demuestran que animales con menor índice de desarrollo neuronal en la superficie cerebral, presentan marcadas diferencias en la especialización neural, al igual que en los mecanismos de migración y acomodación de las diferentes y estructuradas capas que la componen. Es un trabajo con alto gasto de energía pero también de interés epistémico, constituirse, apilándose literalmente entre una neurona y otra, y además, preservar sus funciones selectivas y del espacio entre sí, amén de otros garantes de supervivencia.

Por ejemplo, en la corteza visual (V1), el grado de especialidad de las neuronas es simplemente sorprendente, pues unas pueden dedicarse a identificar formas o texturas de un objeto, y otras a calcular la velocidad de sus movimientos o su posición, y todas lo hacen con asombroso grado de efectividad, pudiendo también discriminar los colores en un prisma y evaluar la gradual desaparición de los mismos por efectos físicos, incluso hasta que la conjunción de tales colores se torne blanca... Así, la corteza cerebral enseña el camino de la perfección.

La trascendencia de sus funciones es bien aprovechada por la nutrida historia de eventos que llevaron a plantear teorías cada vez más cercanas a lo que hoy entendemos como un aspecto de las neurociencias, imprescindible para comprender fundamentalmente las tareas cognitivas de alto orden y, obviamente, los mecanismos de conjunto que integran el procesamiento sensorio-motriz.

Pese a conocerse los enunciados, cada vez más cimentados, de que los procesos psíquicos obedecían a funciones meramente mentales, pertenecientes al estudio de la psicología -ya que esta disciplina, en sus inicios, permanecía en la latencia de las ramas afines a la filosofía, más que considerarse un área importante que permitiera el enfoque de algunos comportamientos cerebrales-, desde aquella perspectiva, los especialistas intentaban erigir un consenso que sirviera de mapa para comprender las complejas funciones cerebrales asociadas, principalmente, a la cognición.

12.3 TEMPRANAS CONTRIBUCIONES DE LA FRENOLOGIA.

Es más, hasta antes del siglo XIX, los versados en materias de aproximación, cercanas a la doctas disciplinas filosóficas, se amparaban en la providencia celestial de su época que se anegaba sobre la "psicología de las capacidades", y los probables conocimientos que podían intuirse como erogados por la sustancia cerebral (Luria, 1977).

Entre los aspectos que más resaltan en la historia hacia una búsqueda de esta comprensión de los sistemas corticales y sus "capacidades", el notable Franz Joseph Gall fue reconocido como el primer individuo que pudo correlacionar, de manera aceptablemente coherente, lo que hoy se conocen como los fundamentos de la Frenología (Gall, 1812). Sus planteamientos sobre la necesidad de la división de la corteza cerebral, según las cualidades operativas del individuo, fueron el pivote de trabajos posteriores, que finalizaron con la clasificación citoarquitectónica del cerebro y otras divisiones funcionales que se realizaron hasta mediados del siglo XX, y que de alguna manera se siguen corroborando actualmente por sofisticados métodos de neuroimagen

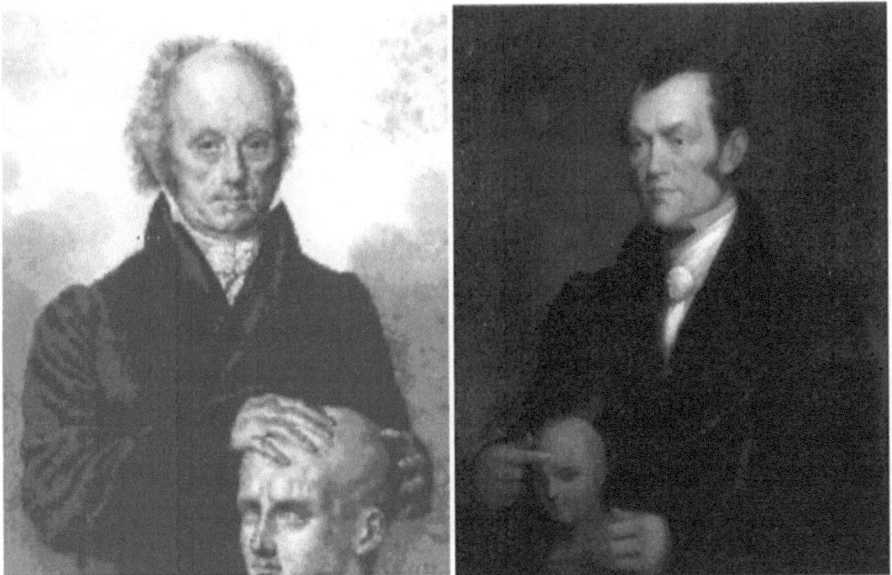

Fig. 4.1 Franz J. Gall (sepia) y Johann G. Spurzheim, pioneros indiscutibles de la frenología.

Uno de sus más brillantes correligionarios, Johann G. Spurzheim, fue quizá el punto de partida para que tuviera éxito esta visionaria disciplina, desde un punto de vista relativamente intuitivo. Los trabajos mutuos en la descripción de la probable funcionalidad de ciertos puntos estratégicos del encéfalo en general, les otorgaron un espacio en la historia de la dilucidación de los grandes enigmas de la ciencia. La frenología se aproxima hacia una división funcional de las áreas del cerebro, tratando de encontrar un correlato lógico entre el desempeño cognitivo, motor o sensorial del sistema nervioso, con un sitio específico de la estructura (Spurzheim, 1825). Fueron ellos quienes, bajo sus

Iuriy Prochascka, visionario en proponer científicamente que las interacciones entre tálamo y corteza eran parte de un todo, que incluía percepciones espirituales para el alma y una función cerebral, cuya ejecución pertenecía a un *sensorium commune*.

La pintura fue realizada originalmente por G. Kneipa en 1788 y se encuentra en la facultad de medicina de la Universidad de Praga.

concepciones de aplicación de las teorías filosóficas apoyadas en la psicología de las capacidades, dieron el lugar correspondiente a cada facultad psíquica, que óptimamente debía apoyarse en porciones vinculadas operativamente a la corteza cerebral, lo que marca un hito al comenzar a considerarse ésta, por primera vez y con riguroso sustento científico, la gran participante en la ejecución de específicas funciones mentales.

Estas ideas de los "centros cerebrales", que situaban funciones mentales específicas en determinadas áreas estratégicas, determinaron lo que por mucho tiempo se denominó "localizacionismo estrecho", cuyos fundamentos sirvieron para confirmar posteriormente tales pretensiones de manera científica y encontrar cierta aplicación en algunas funciones, incluso en nuestros días.

Además de las funciones de codificación espacial audio-visual que actualmente siguen siendo motivo de ardua polémica respecto de algunos mecanismos que la generan, los temerarios frenólogos ubicaron otras capacidades psíquicas, de alto contenido conciencial, como la percepción temporal, instinto de conservación, amor filial y hasta valores éticos y morales. En la portadilla capitular, podemos analizar las grandes inferencias de F.J. Gall y J.G. Spurzheim, que, sin la sofisticación de las técnicas que se tienen actualmente, pudieron tener una gran aproximación a algunas de las funciones que todavía hoy, esperan respuesta.

La influencia de estas renovadoras propuestas fue agresivamente rebatida en sus inicios por quienes pensaban que la razón debía primar sobre sus arbitrarios conocimientos. Fueron consideradas no sólo descabelladas, sino que en las honorables sociedades de investigación se les tachó de contener cierta cualidad precientífica y fantástica; aunque, eso sí, progresista, ya que perseguían una posibilidad centrada en comprender el cerebro de una forma diferente, y no como la ancestral masa homogénea que ya Haller, en 1769, e independientemente Prochascka, en Viena, describían como el *sensorium comune*, para expresar que el cerebro era un todo único y sin divisiones, que podía transformar las impresiones del entorno, en procesos psíquicos[1].

---

[1] Aunque el Checo, Iuriy Prochascka, planteó un funcionamiento más integral entre la aferentación y eferentación nerviosa, su *sensorium commune*, incluía el tálamo como "agente intermedio" de un "todo" que tenía extensiones hacia la *crura, la medulla oblongata, el cerebelo* y especialmente la *medula spinalis,* a la que atribuía el origen de los nervios. Este trabajo de 1784 es la primera aproximación referida en la literatura que plantea la importancia de un posible circuito tálamo-cortical en los fenómenos de conciencia, dividiendo la funcionalidad del sensorio en percepciones del alma y las sensaciones corpóreas en labores mediadas por el *sensorioum comune,* o el cerebro totalitario: el

Fig. 4.2 Hacia mediados del siglo XIX, unos 35 años después de la aparición de los primeros trabajos frenológicos, se publicó esta nueva cartografía *"Symbolical Head"* con la traducción al inglés de las divisiones originales de la frenología clásica propuesta por Gall y Spurzheim. La portada editorial, además de sensibles y ulteriores modificaciones idiomáticas e icónicas, adicionó leyendas como *"Know Thy Self"* y *Phrenology, Physiology, Physiognomy, Magnetism,* entre otras. Su suscripción a precio de introducción para interesados en la materia, tenía un costo de un dólar al año. A partir de: «*American Phrenological Journal*». Volumen X, N° 3. (Marzo de 1848) N.Y. Fowlers Wells.

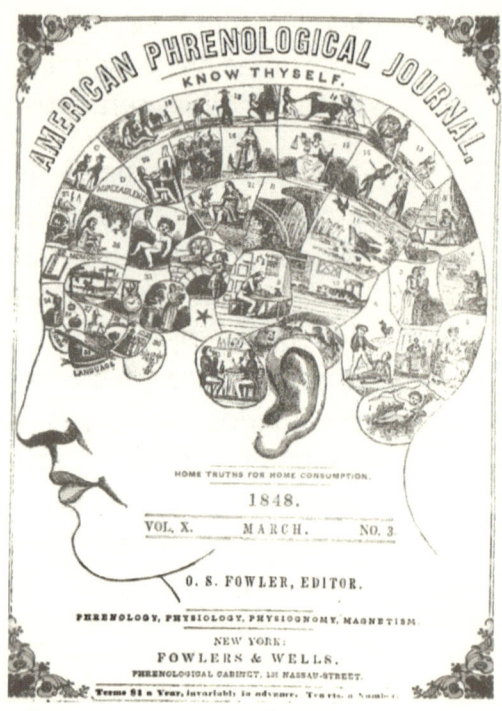

Basado en principios relativamente opuestos sobre las tareas de la masa cerebral, otro de los pioneros investigadores en seguir huellas que condujeran a dilucidar un sitio anatómico para cada función determinada fue Pierre de Flourens; nacido en Maureihan, en la región de Héraut, a finales del siglo XVIII. Su principal contribución se basó en la descripción del *punto vital*, o el centro de control pnéustico de la respiración, que se encuentra en el tallo cerebral (Von Bonin, 1960). Además, con sus experimentos en inocentes palomitas, entre 1814 y 1822, influyó notablemente en el

---

componente material del pensamiento animal (*Cfr.* Módulo 32, en *Codificación de la información talámica*).

principio de acción de masas, que casi un siglo después planteara Karl Lashley, para fundamentar sus tesis sobre el *engrama* de la memoria (*Cfr.* Módulo 43). En ellos reconoció el sentido del equilibrio y la coordinación motora primigenia, como un principio conciencial fundamental, asociado con los canales semicirculares del oído interno, el sustrato para la comprensión actual de las redes neuronales en modelos cibernéticos de primordial vanguardia científica (*Cfr.* Libro. 11). A este respecto, se ajustó a las ideas de Prochascka al conceder la evidencia experimental de que el cerebro era un sistema unitario con diversidad de funciones, y de que percepción y volición dependían de los llamados lóbulos cerebrales (Flourens, 1824)[2].

Otro galo que defendió estas tesis sobre la presencia de diversos centros cerebrales fue el eminente profesor Bouillaud, quien encabezara la Escuela Médica de París, siguiendo los planteamientos citados en su "Tratado Clínico y Fisiológico del Cerebro". En 1825, con su reporte: *"Investigaciones clínicas que permiten demostrar que la pérdida del lenguaje hablado corresponde a la lesión en los lóbulos anteriores del cerebro, y confirman la*

---

[2] En el desarrollo de la cuarta conclusión de su temerario artículo sobre la masa cerebral, el llamado «padre de la investigación cerebral» otorga el beneficio de la evidencia de diversas funciones volitivas al "efecto directo" de la médula espinal, y el "efecto cruzado" del cerebelo, los tubérculos cuadrigéminos y los lóbulos cerebrales. Flourens MJP, (1824). *Recherches Expérimentales sur les Propriétés et les Fonctions du Système Nerveux dans les Animaux Vertébrés*. París, Chez Crevot, p. 85-122.

opinión de Gall acerca de la localización del lenguaje articulado", divide con sus precarias herramientas la actividad del lenguaje, lo que después sirvió de sustento para que M. Dax, hacia 1836 y posteriormente, con mucho éxito; Paul Broca, pudiera solventar los estudios sobre la afemia (*Cfr.* Libro. 15).

La idea de comprender la solvencia del desempeño cortical, desde el punto de vista anatómico, fue estudiada en sus inicios por Jules Gabriel Baillarger, quien se dedicó a entender la funcionalidad de las circunvoluciones y su evolución desde períodos fetales, con un enfoque neuroanatómico comparativo, sugiriendo que el número de circunvoluciones es directamente proporcional al estado evolutivo cerebral.

Por ejemplo, durante el estado prenatal humano, pudo discriminar la aparición de surcos cerebrales corticales hacia las veinte semanas de embarazo (Baillarger, 1840); mientras concluyó que, en los lóbulos centrales de reptiles y anfibios, únicamente existía la presencia de dos tipos de sustancia -gris y blanca-, de acuerdo con descripciones previas de uno de sus maestros, M. Sarres, y de otros científicos de la época. Sin embargo, en los lóbulos ópticos de las aves, describió que podían existir cuatro y hasta seis capas corticales alternas de sustancia gris y blanca; siendo la sexta, la más superficial.[3]

---

[3] En sus conclusiones (14 y 15), este investigador infiere sobre la posibilidad de que dichas capas corticales tengan un principio de comunicación galvánica entre sí... *" L'influx*

En el intento de discernir la providencia eléctrica de los cúmulos neuronales estratificados, llegó el turno a la escuela alemana de Fisiología, en la que Edward Hitzig y Gustav Fritsch rebatieron las tesis de Flourens, Mateucci, y otros, referentes a la inexcitabilidad cortical y, con base en las propuestas de Baillarger y correligionarios, propusieron que existía actividad de tipo zonal en la corteza, que respondía a estímulos eléctricos con diferentes funciones (Fritsch & Hitzig, 1870). Apenas cuatro años más tarde, el ambicioso profesor Robert Bartholow probaría, por primera vez, estos hallazgos en tejido humano, de manera más fisiológica que la propuesta por Haller y Zinn, ciento veinte años antes, en tejidos animales.[4]

Apoyado en los argumentos de la "acción zonal e independiente entre ciertas áreas corticales", evidenciados por sus amigos arios, el insigne anatomista Theodore Meynert fundamentó sus teorías elucubrando sobre la probabilidad de que todas estas subáreas colaboraran entre sí, comprendiendo la función cerebral como una compleja maquinaria, en la que cada parte era importante para la función integral, que además produce energía, apoyándose en uno de los axiomas de la ley de

---

nerveux et eléctrique, il se transmette pour lui même sur le mante superficiel" (Baillarger, 1840).
[4] Haller & Zinn (1756), *Memoires sur la nature sensible et irritable du corps animal. Lausanne, 1756. P.201 et suivants.* Aunque E. Hitzig refiere haber hecho una aproximación al cerebro humano en su artículo: "*Uber die Beim Galvanisiren des Kopfes Entstehenden Störungen der Muskelinnervation und der Vorstellungen von Verhlaten in Raume*". Cit IN: Fritsch & Hitzig, 1870.

energías específicas propuesta por Mueller (Meynert, 1891).

Por esa misma época, los histólogos alemanes daban cuenta del famoso congreso de Berlín, al que asistiría por primera vez, hacia 1889, un español para ellos desconocido. Rudolph Adolph Von Kölliker y Wilhelm His tuvieron a bien dar los primeros reconocimientos y acoger las nuevas teorías de este científico ibérico, en lo que años después se convertiría en uno de los más colosales trabajos de la neurobiología, describiendo los detalles celulares propios de la complexión cortical (Ramón y Cajal, 1899-1904), y que durante todo el siglo XX fundamentaran las tesis de la estructura y función de la neurona[5], recibiendo por su notable contribución el premio Nobel de Medicina y Fisiología en 1906. Su obra, traducida a varios idiomas, y con un gran número de reediciones, ha sido recopilada y analizada críticamente por diferentes autores, que describen en detalle más de 40 años de continuo trabajo y publicaciones, referentes específicamente a la obra de Cajal, en especial sus grandes aportaciones al discernimiento de la corteza humana, realizadas entre 1899 y 1902 (De Felipe y Jones, 1988).

En estas circunstancias, la sociedad científica de Berlín, bajo la batuta del profesor Oskar Vogt, y siguiendo pródigas enseñanzas

---

[5] La "Textura del Sistema Nervioso del Hombre y de los Vertebrados" se escribió en tres partes, y su primera aparición data de 1899, publicada por la casa editorial de Nicolás Moya, en Madrid. En 1911, finalizó la traducción y publicación de la primera edición en francés, que muestra una consolidación de sus estudios corticales, referidos en sus capítulos 25 a 33.

de profesores como Theodore Meynert, Hermann Munk, Edward Weber, Paul Emil Flechsig, entre otros, o las ya mencionadas influencias de Fritz y Hitzig, y demás, junto con Schiff, y Ekhard, quienes hicieron experimentos de localización cortical durante la segunda mitad del siglo XIX, se instituía como una de las más avanzadas escuelas en el campo. Aunado a esto, los físicos arios de la epoca y otros europeos se dedicaban también a la proposición de grandes fundamentos de las teorías termodinámicas que hoy rigen amplios aspectos de la físico-química contemporánea, en especial de la física cuántica, cuyos principios se aplican a la funcionalidad molecular y celular de la neurona (*Cfr.* Cap. 7).

En medio de tan valiosas propuestas científicas, un estudiante de los respetables Cecile y Oskar Vogt, el recién egresado en Medicina, Korbinian Brodmann, había sido aceptado en el laboratorio de Neurobiología de la Universidad de Berlín, para cumplir con un proyecto que tomó una década en consolidarse, relacionado con un análisis de las interacciones topológicas y funcionales de la corteza cerebral. Los primeros trabajos publicados del prometedor alumno versaban sobre las estructuras de las áreas rolándicas y de la descripción histológica de los tejidos que bordean el área calcarina de cerebros evolucionados (Brodmann, 1903; Vogt & Vogt, 1906). El resultado, tras una férrea disciplina, consistió en un mapeo bastante detallado con la división citoarquitectónica de la corteza cerebral en humanos y otras especies (Brodmann, 1909).

Módulo 13

EL MAPEO CORTICAL COMO HERRAMIENTA EN LA COMPRENSION DE LA FUNCIÓN CEREBRAL.

A partir de una división topológica que permitiera una aproximación geográfica del cerebro, los investigadores de la Universidad de Berlín de inicios del siglo XX, dividieron la superficie cerebral, trazando una línea imaginaria a la altura del *sulcus* central o cisura rolándica (Brodmann, 1903), por el centro de un corte sagital cerebral en forma dorso-ventral.

Así surgieron el giro precentral (del centro ideal al polo frontal) y el área postcentral (del centro hacia el occipital). En la figura 4.3, podemos examinar con claridad las grandes subdivisiones que plantearon los notables anatomistas, para entender la importancia de su trabajo.

La región postcentral se divide en el área postcentral intermedia, caudal y rostral; además del área subcentral. El área de *Brodmann* 1 (AB 1), corresponde al área postcentral intermedia, entre las AB2 y AB3 circunscritas a la región rolándica. Su principal función es sensorial, y se conoce como S1, o área sensorial primaria.

El área *postcetralis caudalis* (AB 2) está formada por el surco posterior de S1 en una región del lóbulo parietal, y converge en el *apex* del área subcentral (AB 43). Su función es sensorial, y también se conoce como S2. A su vez, la región postcentral rostral (AB 3) está situada en la parte anterior de la región postcentral intermedia. Su borde es más agudo que la región *postcentralis caudalis*, y está demarcada por AB 4, conocida también como el área piramidal gigante.

El área subcentral (AB 43) se forma por la unión de los giros pre y post-centrales, en el borde inferior del opérculo rolándico y área supramarginal anterior (AB 40), justo en la región superior del cortex auditivo (AB 41-42).

En el surco precentral, encontramos dos importantes regiones. La zona piramidal gigante (AB 4), cuya función es motora, cubriendo el filo superior del surco precentral de la corteza con una alta densidad de las células descritas por Wladimir Betz entre 1874 y 1881[6], quedando estrechamente delimitada entre la cisura rolándica y el área 6 motora suplementaria, llamada área frontal agranular (AB 6); gracias a la disposición muy particular de éstas células de *Betz*, el grosor cortical en ésta área decrece ventralmente.

Al dividir en dos surcos principales el manto cortical, Brodmann prefiere seguir su mapeo citoarquitectónico por lóbulos. En la región frontal, encontramos una vasta región limitando con el giro precentral y la Corteza Cingulada Anterior (CCA).

---

[6] Betz W. (1874) Anatomischer nachweis zweier gehirncentra. *Centralblatt für die Medicinischen Wissenscahaften.* 12:5787-80 y 595-99.
Betz W. (1881) Uber die feinerestructure der gehirnrinde des menschen. *Ibid. Centr. Med. Wissenschaft.* 19:193-234.

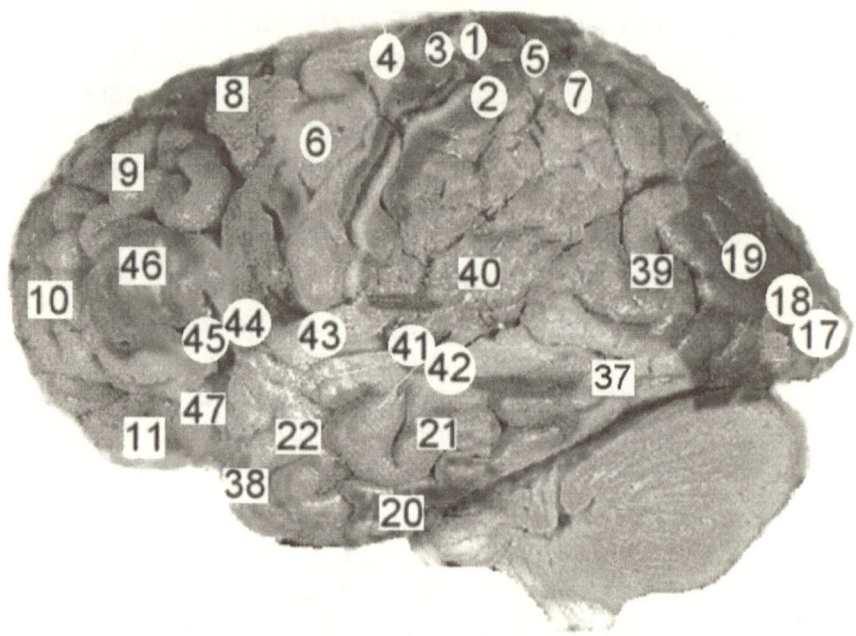

Fig. 4.3 Perfil funcional basado en la muy laboriosa propuesta citoarquitectónica de Brodmann. Áreas 1,2,3 sensorial, 4 motora y 6 motora suplementaria, 5 y 7 *cortex* somato-sensorial de asociación. AB 8 a 12 y 46 corteza prefrontal, donde se realizan tareas de alto desempeño predictivo e intelectual. AB 11 y 47, cortezas orbitofrontales, de gran importancia emocional y cognitiva. Áreas 13, 14, 15, 16, se ilustran en otras especies*. Áreas 17, 18 y 19, cortezas estriada de procesamiento, asociación y memoria visual, AB 20, 21, 22 y 37-38 ubicadas en el polo temporal inferior y funciones cognitivas de alto orden. AB 23 y 31 corteza cingulada posterior, y AB 24 y 32, corteza cingulada anterior. AB 25 región subgenual, por abajo del rodete comisural y AB 33, área pregenual, o parte posterior del rodete, por debajo del cíngulo anterior. AB 26 a 30, región retroesplenial y ectoesplenial, de gran carácter límbico-emocional. AB 34-36 peririnales, cercanas a la corteza entorinal, implicadas en el procesamiento emocional. AB 39 y 40, de procesamiento parietal. AB 41 y 42, corteza auditiva primaria y secundaria. AB 43, Giro Subcentral, zona de conjunción de S1 Y S2, AB sensoriales fundamentales. AB 44 y 45, de corte motor, asociadas al lenguaje articulado. Área presubicular AB 48, no aparece descrita en los mapas originales**, mientras que AB 49 a 51 son descritas en áreas corticales de mono, y AB 52 es un área parainsular (no numerada), cercana a AB 41.

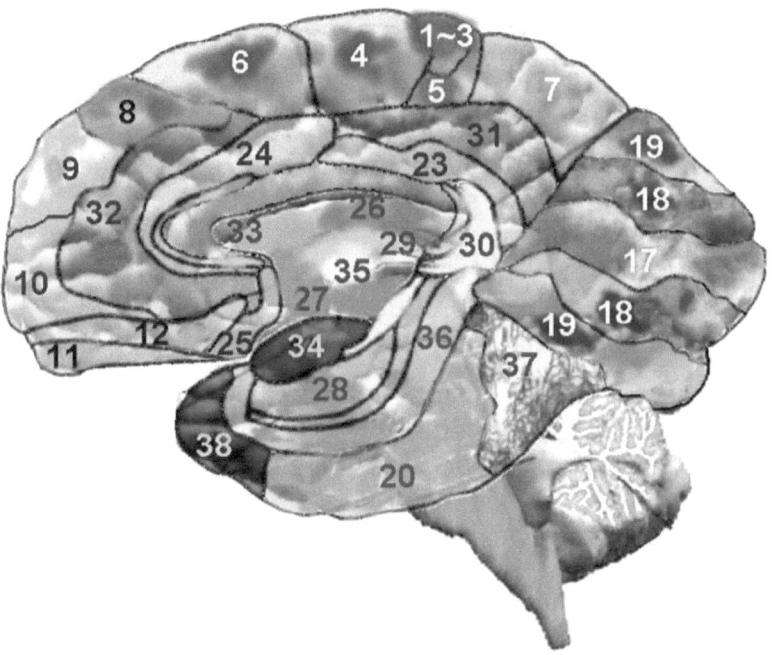

Fig. 4.3B. Areas De Brodmann, Topografía Cortical. Se ilustran en ambas figuras, las áreas Sensorial **1,2,3**; áreas Motora **4 y 6**. Las áreas de integración Somato-Sensorial **5 y 7** (precuneo), Corteza Visual **17, 18, 19**; Corteza Auditiva **41-42**. Área De *Broca* **44-45** y Area De Wernicke **AB 22**. Los procesamientos visuo-espaciales en áreas parietales **39-40**. Las áreas involucradas en Alta Cognición **8 a 12 y 46-47**. El giro temporal inferior **AB 20, 21 y 38,** implicado en procesamiento emocional, al igual que áreas **26 a 30 y 34 a 37** en áreas límbicas y en la integración Cognitivo-Afectiva **23-24-25. 31, 32, 33 y 52** en mapas originales. ****AB 48 Presubiculum**, no indicada. * Las áreas 13 a 16 y 49 a 51 son originalmente descritas para primates no humanos. (A partir de Brodman, 1909)

El polo frontal constituye 20% de toda la extensión, caracterizado en su mayoría por una capa granular interior. Esta región se conforma básicamente por el área frontal intermedia (AB 8), asociada a un carácter premotor, muy pegada al área motora AB 6 y al área frontal granular (AB 9). Esta AB 9 granular atraviesa todo el polo frontal hasta los límites del surco rolandico de S3, y protege el área medial frontal (AB 46) que, en conjunto, forma una zona de desempeño de alta cognición (*Cfr.* Libro. 19). El complemento de las tareas cognitivas de la corteza prefrontal está dado por la región frontopolar (AB 10), el área prefrontal propiamente dicha (AB 11), cuyas divisiones rostrales y ventrales, varias veces subdivididas por Oskar Vogt, fueron conjuntadas en la propuesta de Brodmann en 1909, para ganar sencillez en el mapeo.

En esas mismas subdivisiones no se planteaba abiertamente la presencia de AB 12 para humanos, dado que su carácter pareció incierto a los postulantes de la nueva tesis mieloarquitectónica. Empero, sí se preocuparon por describir el área orbital (AB 47) en la región subfrontal o corteza orbitofrontal (COF), que se asocia con decisiones de alto criterio o toma de decisiones en corto rango temporal (Bechara *et al*, 2000). Además, para el anatomista alemán, las áreas descritas por Broca, como las responsables motoras de la articulación de la palabra, también se encuentran en el lóbulo frontal. De ésta manera, la región opercular (AB 44) y triangular (AB 45) se encuentran en el giro frontal inferior, en la parte anterior del ramo ascendente de la cisura silviana, muy cerca de la corteza insular. Esto explica por qué cuando hay daños en la circulación insular, durante accidentes hipóxico-isquémicos, la función cortical superior de la palabra se ve gravemente afectada.

En el área parietal, se describe la región preparietal (AB 5), con una gran cantidad de células piramidales gigantes, similares a las que se presentan en la zona celular de *Betz*, acompañadas de una capa granular profunda, es una de las demarcaciones de la corteza con orden de procesamiento somático-sensorial. En tanto que, el área parietal superior (AB 7), corresponde al lóbulo parietal lateral y a los límites del sulcus parieto-occipital, que representa un área de procesamiento con especialidad somático sensorial secundaria y de gran desempeño como corteza de asociación. También en este lóbulo encontramos el área supramarginal (AB 40), localizada abajo del AB 7, pegado al borde posterior S2 y sobre las cortezas auditivas. En disposición parieto-occipital, se encuentra el giro angular (AB 39), conformando el *sulcus* intraparietal, que limita con las cortezas estriadas que procesan la información visual, constituyéndose como una de las principales áreas corticales de asociación en procesos atentivos visuo-espaciales que puede conectarse incluso con áreas prefrontales (*Cfr.* Libro 13, Memoria y Cortezas de Asociación).

En la región occipital se procesa la información visual; allí encontramos una porción estriada (AB 17), también llamada cisura calcarina. El área occipital corresponde a (AB 18), es representada en simios en forma de corona, rodeando la parte interna del polo occipital (AB 19), y ambas son procesadoras de alto orden de información visual y almacenamiento de la información procedente del pulvinar del tálamo. Los estudios en el área visual, durante la segunda mitad del siglo XX, marcan la vanguardia en grandes contribuciones científicas en el campo del procesamiento cognitivo de alto orden en tareas como la atención visual y la consolidación de la imagen mental, además de los eventos involucrados en la concepción de la imagen, el fondo, la forma y el movimiento, el cual hoy se sabe tiene subáreas y capas corticales especializadas para lograr una óptima ejecución de cada una de tan complejas hazañas, que indican niveles de coherencia y un alto índice de acoplamiento neuronal (Cfr. Módulo 16).

Pese a que K. Brodmann se esforzó por dejar en claro que las áreas 13, 14, 15, 16, son pequeñas porciones de gran densidad celular granular en región insular, exclusivamente presentes en primates no humanos, muy recientes reportes científicos sustentan la idea de que estas AB 13 a 16, corresponden a la llamada Ínsula de *Reil* media, y que tienen una interacción auditiva, especialmente con la localización espacial de los sonidos en movimiento (Bamiou *et al*, 2003). Sin embargo, es bien conocida la actividad parcial de la ínsula – mas no de la corteza insular que está asociada a la integración interoceptiva y conciencial del ser (Craig, 2010) –, en los fenómenos de articulación de la palabra, dada la vecindad con el área de *Broca*, e igualmente como puente entre la relación lógica del procesamiento semántico auditivo y la planeación y generación del sonido articulado (*Cfr*. Cap. 15). Este interesante y reciente enfoque advierte sobre la evidencia histológica que separa al mono, con bipedestación inconsistente, y al humano, respecto al área motora que sustenta los millares de años que hacen que algunos primates articulen sonidos inteligentes y otros no. En otras palabras, podría existir una evolución histológica en AB

13-16, cuya perfección debe esperar miles de años.

Para los anatomistas de hace un siglo, el lóbulo temporal presentaba una muy similar distribución citoarquitéctónica. Dada su interesante función en el procesamiento de los eventos cognitivo-afectivos, el lóbulo temporal es muy rico en la distribución de áreas específicas con oficio netamente emocional. Entre ellas, la mayoría de aquellas límbico-afectivas y cognitivo-emocionales, que se esquematizan didáctica e integralmente en la gráfica 4.3, corresponden a la aparatosa clasificación de Brodmann, con la subdivisión de regiones temporal, hipocampal, cingulada y retroesplenial.

De esta forma, la zona ectorinal (AB 36), la occípito-temporal (AB 37) localizada en la porción caudal del giro fusiforme; la propiamente llamada área inferior del lóbulo temporal (AB 20), el área temporal media (AB 21), el área temporal superior (AB 22), conocida también como área de *Wernicke*, encargada del procesamiento semántico (*Cfr.* Cap. 16), y el polo temporal anterior (AB 38), constituyen las seis divisiones tipológicas que corresponderían a la región temporal. En su publicación de 1909, y contrastando las posiciones de otros anatomistas como Elliot Smith y Campbell[7], adhiere nuevas

---

[7] Campbell AW (1905) *Histological studies on the localisation of cerebral function.* Cambridge Univ. Press.
Elliot G. Smith inició, en 1901, sus descripciones divisionarias en los hemisferios cerebrales, y realizó reportes en cerebros de humanos con apoyo del Colegio de Medicina de Egipto.

propiedades al área parainsular (AB 52), las áreas temporal transversa anterior (AB 41) y posterior (AB 42), que corresponden a las zonas de procesamiento auditivo.

La región cingulada se compone por el área ventral posterior (AB 23) y la zona externa o dorsal posterior (AB 31), perteneciente a las funciones cognitivas de la corteza cingulada posterior, caracterizada por una población agranular; las AB 24 y 32 corresponden a la corteza cingulada anterior en su porción ventral (más interna) y dorsal, respectivamente; finalmente, se describen el área subgenual, abajo del rodete comisural (AB 25), como un área estrecha cerca del trígono olfatorio y el polo temporal anterior; y el área pregenual (AB 33), debajo de la corteza cingulada anterior, a manera de estría longitudinal de la comisura callosa marginal. Las funciones de este conjunto en el procesamiento de sensaciones subjetivas, como el dolor o las sensaciones placenteras, son parte de la importancia de la fenomenología conciencial, desde el punto de vista clínico que se analiza en la parte V de esta Summa Neurobiológica (ver índice).

En la zona retroesplenial se describen 4 capas corticales, y una quinta relativamente bien desarrollada, mientras que el área retrolímbica agranular (AB 30) se encuentra con parcial degeneración de las capas II y III; en contraste, en el área retrolímbica granular (AB 29), la capa IV, filogenéticamente hablando, se

---

Trabajó arduamente en la correlación citoarquitéctónica de la corteza visual y, para 1907, tenía un trabajo comparable al de Brodmann. (Smith, 1907).

describe con aparente buen desarrollo, a diferencia de sus otras capas. El área ectoesplenial (AB 26) está al final posterior del cuerpo calloso, arriba de AB 30.

Por supuesto que las áreas parahipocampales también fueron descritas en el mapeo cortical del siglo pasado, y tienen aún cierta validez (*Cfr.* Módulo 41). El área presubicular (AB 27) se extiende desde el uncus a la cola del hipocampo, por arriba de la corteza entorrinal (AB 28), y del área perirrinal (AB 35), en la parte postero-inferior de la región entorrinal dorsal (AB34). Todas estas regiones parahipocampales, de comprobada función límbica y cognitiva-emocional, se encuentran en el lóbulo temporal, por arriba de AB 20; esto es, en la porción inferior del lóbulo, que parece servir de cuna a todas estas estructuras.

En resumen, el trabajo de la academia germana de principios de siglo XX ofrece, de forma relativa, un conocimiento pragmático hacia la dilucidación de los diferentes centros nerviosos, desde un punto de vista más histológico que funcional. Pero, además, tal y como lo demuestra la historia, existe una diversa gama de probabilidades de comprensión y demostración de las propuestas vertidas en las diferentes comunicaciones que se hicieron constantes y frecuentes durante la primera década del siglo pasado, como una advertencia a las nuevas perspectivas que estaban por aparecer en las revistas especializadas.

Constantin Von Monakow, por ejemplo, se preocupó por optimizar las teorías de la localización cerebral, dando un viraje más funcionalista a la pobre visión cortical que se disponía en ese tiempo. Sus tesis tuvieron como objetivo la búsqueda de un modelo competitivo en la disposición de ideas, con un contenido diferente al de la simple estructuración taxonómica de otras descripciones histológicas anteriores. Quizá lo fundamental de este sabio sea su contribución a la historia del término vinculado con la *"diasquisis"*, considerado como un evento de perfil fisiopatológico, en el que preservan su función fragmentos regidos por mecanismos asociados a la plasticidad tisular, constituyéndose esta perspectiva como el primer antecedente para comprender, de alguna forma, los primordios de sistemas de planeación distribuida y el procesamiento convergente entre la vía visual y auditiva, por ejecución conjunta eminentemente cortical, que puede ser reflejada en un tipo de lenguaje (Von Monakow, 1911). La fenomenología que se desprende de este término es aún motivo de debate, en particular dentro de la comprensión del problema de algunas afasias, que son discutidas en el Capítulo 14, *«Hablando se Entiende la Gente»*.

«The acoustic sphere is similar to the visual one. ... I consider here among others the conscious orientation in a sense of recognition of impressions, then the use of the usual symbols and language signs. ...The stimuli, originally started in the sensory centers and going gradually in all direction, become after years in consequence of many changing uses a common property of the whole cortex.

*...chronollogically built up layers or "melodies",
of which some functional fragments can be
made manifest only by diaschisis
(intercorticalis).* (Von Monakow, 1911).»

Una de las líneas de trabajo pioneras,
que pudo servir para entender la concepción
actual de la función cortical superior, fue la
seguida por las observaciones de Charles
Sherrington en tres grupos de primates (22
chimpancés, tres orangutanes y tres gorilas);
donde describe los mecanismos complejos y
también celulares que se daban en los reflejos
neuromusculares (Leyton & Sherrington, 1917).
No obstante, que sus trabajos sobre las
interacciones de la comunicación entre
sinapsis, y la consecuente inferencia *"a priori"*
de la participación de los mecanismos de
inhibición presináptica en la regulación de la
función neuronal; se realizaron a principios del
siglo XX (*Cfr.* Cap. 8, *Atención: Sinapsis
Trabajando*). Las conclusiones de su ardua
labor se orientaban a la dilucidación de la
integración de las respuestas motoras, tras la
estimulación de áreas corticales específicas.
Un cúmulo de reacciones motoras fue
analizado con gran rigor por los investigadores
-casi cuatrocientos resultados fueron
codificados en tablas comparativas-, en donde
se revisaban variables de hasta tres
movimientos, como en el caso de respuestas
motoras en la articulación de la rodilla, o la
retracción angular contralateral del maxilar
inferior, así como de movimientos musculares
de labios (el mono enseña con gran frecuencia
sus dientes para aprobar o desaprobar
sensaciones o preferencias), o sacudidas

oculares reflejas, todas ellas confrontadas con áreas motoras de la clasificación de Brodmann (Leyton & Sherrington, 1917).

Así como Sherrington informó a la sociedad científica de su estudio comparativo, sólo con áreas específicas de la corteza, así también, existían otros grupos que trabajaban diferentes funciones corticales. Los modelos del profesor británico A.W Campbell, a principios de siglo; la perfección de los datos de los Vogt y otros colaboradores, describiendo 185 áreas mieloarquitectónicas, (70 frontales, 6 insulares, 30 parietales, 19 occipitales, and 60 temporales (Nieuwenhuys, 2013); más los trabajos de Von Economo y Coskinas, en 1925, mostraban que había pequeñas discrepancias con la división mieloarquitectónica que la mayoría científica había preferido en la propuesta de Brodmann.

Para mediados de los años treinta, Carlyle Jacobsen y John Fulton reportaban operaciones realizadas en los lóbulos frontales de primates, evidenciando la importancia de la presencia de actividades de instrucción superior en la corteza prefrontal, y que ciertos procedimientos quirúrgicos, como lobectomías, en territorios específicos, alteraban funciones cognitivas que, antes de tales resecciones, servían para complementar tareas complejas (Fulton & Jacobsen, 1935).

Durante estos críticos tiempos de investigación en el siglo pasado, los investigadores trabajaban arduamente en experimentación neuroquirúrgica buscando las localizaciones cerebrales de los otrora frenólogos del siglo XIX.

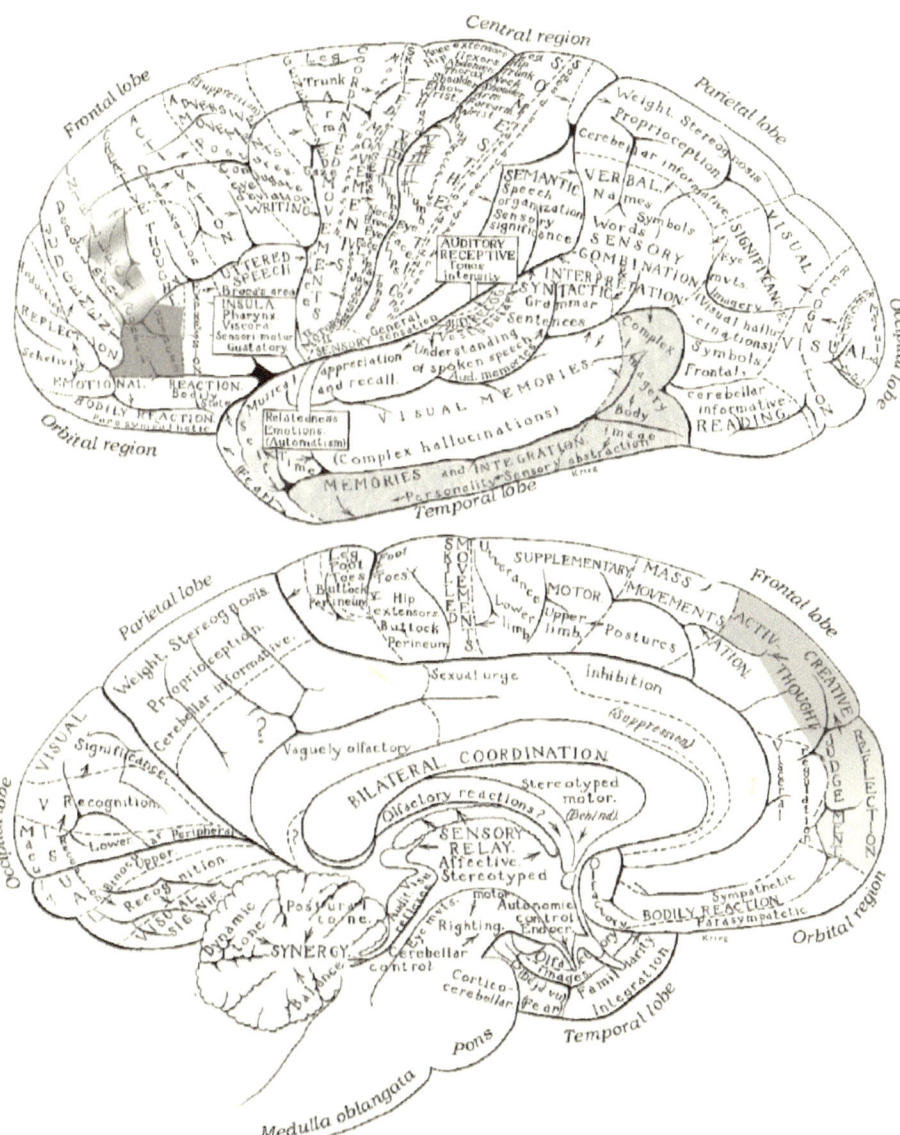

Fig 4.4 Original del mapeo cortical de JS Krieg hacia 1946. Obsérvese la multifuncionalidad de cada una de las áreas –especialmente en lóbulo temporal, para el manejo del tiempo o las percepciones subjetivas del *Ser*–, estableciendo un puente entre la frenología clásica, la propuesta de Brodmann y algunas perspectivas actuales de la corteza cerebral. Note la ubicación de la conciencia y el intelecto (sombreado).

Igualmente, se demostró que determinadas cualidades emocionales podían residir en importantes áreas del lóbulo temporal de primates, cuya conducta se veía exacerbada hasta altos grados de agresividad instintiva y sexual (Klüver & Bucy, 1939). Bajo estos preceptos nacieron los conceptos de las cortezas de asociación, que tienen una gran trascendencia cognitiva para ejecutar tareas de compleja conjunción intercortical (*Cfr.* Libro 12).

De manera casi simultánea, y en forma un poco más conservadora, se empezaba a realizar de manera metódica trabajos de electrodos en tejido superficial cerebral, para evidenciar la función cortical en humanos. Durante procedimientos neuroquirúrgicos, Wilder Penfield y Herbert Jasper reportaron exquisitas muestras de cirugía abierta, en la que a pacientes epilépticos se les realizaban pruebas de sensibilización en determinadas áreas corticales, siendo reportadas tales sensaciones, en tiempo real. Por otro lado, y gracias a estas interesantes técnicas invasivas, se pudo llegar a una de las más atrevidas aproximaciones de la abstracción artística de un evento neurofisiológico, con la aplicación de las funciones de la corteza en una suerte de dibujo, en el que las proporciones anatómicas de un individuo se ven totalmente distorsionadas con respecto a la figura humana tradicional.

Los autores de tal innovación didáctica la bautizaron como el «homúnculo sensorial», que no es sino la relación que hay entre los comandos corticales y las prioridades perceptivas evidentes en determinadas zonas de la superficie cerebral (ver Fig. 4.5).

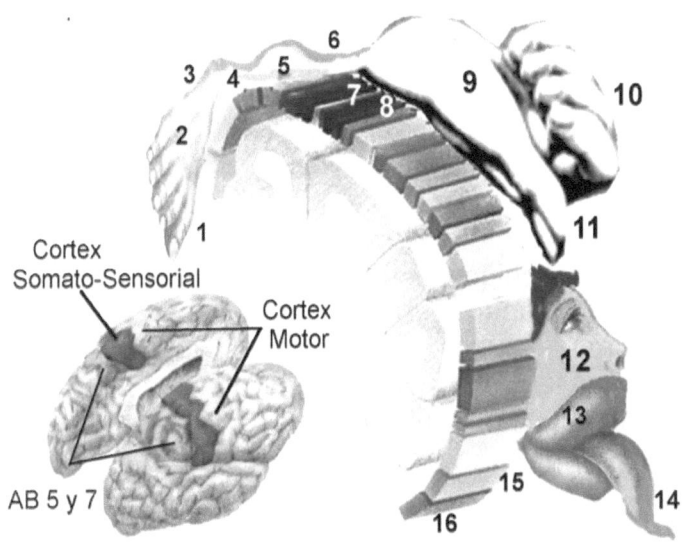

Fig 4.5. Homúnculo sensorio-motor. AB 5 y 7, son áreas de Brodmann de Integración somato-sensorial. 1,Ortejos 2. Pie; 3, Tobillo; 4, Pierna; 5, cadera; 6. Espalda; 7, Pecho; 8, Hombro; 9, Mano; 10, dedos, 11, pulgar; 12, cara; 13, labios; 14, lengua; 15, Intestinos, 16, Genitales. A partir de Penfield & Rasmussen, 1950.

A la derecha, exposición neuroquirúrgica donde se ve el lóbulo temporal izquierdo. (Nótese la distancia de superficie cortical, para cada estimulación). El resultado fue positivo en: 3) Apertura y cierre espontáneo de la mandíbula; 10) acción de vocalización; 8) hormigueo en el dedo índice derecho; 11) sensación similar en el pulgar; 5) hormigueo dentro de la mucosa bucal, carrillo derecho; 4) sensación cosquillosa en la lengua; 7) sensación de boca "dormida"; en zona 13) estimulación profunda en direcciones diferentes. Las sensaciones se despertaron en boca, cara, mano, y ambos brazos. Adaptado de Penfield y Jasper, 1958.

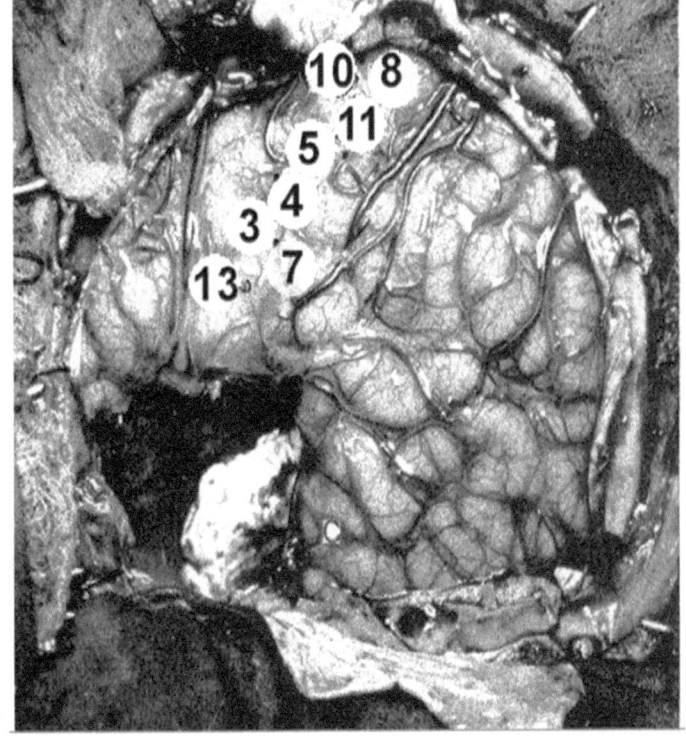

Así, por ejemplo, estos trabajos concuerdan con las repuestas obtenidas en primates por C.S. Sherrington y A.S.F. Leyton, tres décadas antes, en las que la corteza gasta mucha área tisular para la discriminación de tareas motoras finas, como la articulación de los labios, los movimientos finos de los dedos (obsérvese el territorio para el pulgar y la mano, en el homúnculo) y, de manera espectacular, ocupan casi el mismo espacio destinado a la integración sensorial en miembros inferiores (Penfield & Rasmussen, 1950).

A partir de los hallazgos funcionales realizados durante este tipo de cirugías, los trabajos de la macroestructura cortical cada vez se perfilaron más hacia la búsqueda de soluciones que explicaran el concepto de fisiología cortical, y de la develación y correlación lógica entre la estructura y el desempeño de cada estirpe tisular. Además, las observaciones en primates no humanos, realizadas durante las siguientes décadas por expertos y obstinados neurocientíficos, confirmaron que las analogías corticales de la neuroanatomía comparativa gozaban de un especial grado de similitud con respecto de la humana.

En adelante, los grupos de investigación se dedicaron más al análisis de la nueva perspectiva del procesamiento celular cortical, que se lleva a cabo por medio de módulos o columnas distribuidas en diferentes regiones de la superficie cerebral (Mountcastle, 1957).

Tales eventos marcaron la línea vanguardista del procesamiento cortical durante la segunda mitad del siglo XX, brindando una opción lógica para entender, por ejemplo, los sistemas somático-sensoriales, desde un punto de vista integrativo y, por si esto fuera poco, extrapolar los mecanismos de procesamiento columnar a otras vías sensoriales como la visual o auditiva, aportando sorprendentes contribuciones a la neurobiología (Ver Libro 5, Integración Somato-sensorial).

Con estos objetivos claros, el estudio de la microestructura cortical en el análisis de eventos sensoriales y el abordaje de la citoarquitectura cortical en modelos cada vez más atrevidos, se pudo analizar, con artefactos computacionales, la idea prototípica de los planos citoarquitectónicos de la corteza, como si fuera un mapa totalmente desdoblado, lo que brindaba la posibilidad de entenderlo como un sistema de procesamiento jerárquico y distribuido. Desde el punto de vista serial y paralelo, se involucra con acontecimientos mentales, entre los que destacan procesos concienciales (Kinsbourne, 1995) y, por otro lado, con fenómenos atentivos asociados con las agnosias, como la que se presenta normalmente en la *disquiria*, o síndrome de negligencia cortical, discutida en el módulo 15, y que concomitantemente pudieran correlacionarse con trastornos de la atención (Kinsbourne, 1970).

Apoyados simultáneamente por la neuroimagen, que presenta asombrosas aproximaciones entre la teoría y la *praxis* de lo planteado por todos los modelos frenológicos a través de la historia, y de otras herramientas, como el mapeo topográfico realizado por excelsos grupos de reconocidos neurocientíficos, se ha llegado a replantear y extender la división y subespecialización de la frenotopografía cortical hasta en 72 áreas (Felleman & Van Essen, 1991), las cuales, aprovechándose de la capacidad de conexión por la distribución misma de los sistemas columnares, pueden llegar a tener la probabilidad de ejercer 758 modalidades de conexión, ¡y esto solamente en el caso de que se realicen dentro del mismo hemisferio! (Mountcastle, 1997).

Durante la primavera de 1997, se realizó en Irvine, California, un coloquio subvencionado por la Academia Nacional de Ciencias de Estados Unidos, en donde David Van Essen y Heather Drury presentaron el índice de distorsión con cortes selectos en mapas corticales aplanados y desplegados, los cuales idealmente deben hacerse a espacios previamente determinados para lograr una muy buena aproximación anatomo-cortical con la función a desempeñar. En ese mismo mapeo, se demostró la actividad topográfica y el correlato fisiológico de la actividad visual, específicamente para el procesamiento de color y movimiento (Van Essen *et al*, 1998).

A manera de integración de los eventos cognitivos superiores en diversas regiones corticales, varios grupos de investigación han vertido sus esfuerzos en la propuesta de que ciertos procesos sensoriales, en particular los que son advertidos a través de la corteza visual, podrían servir para explicar los «problemas de enlace» en milisegundos dentro del paradigma *"binding problem"* (Ghose &

Maunsell, 1999, Crick & Koch, 2003, Feldman, 2013), que promulga la colectiva coherencia neuronal (*Cfr.* Módulo 53).

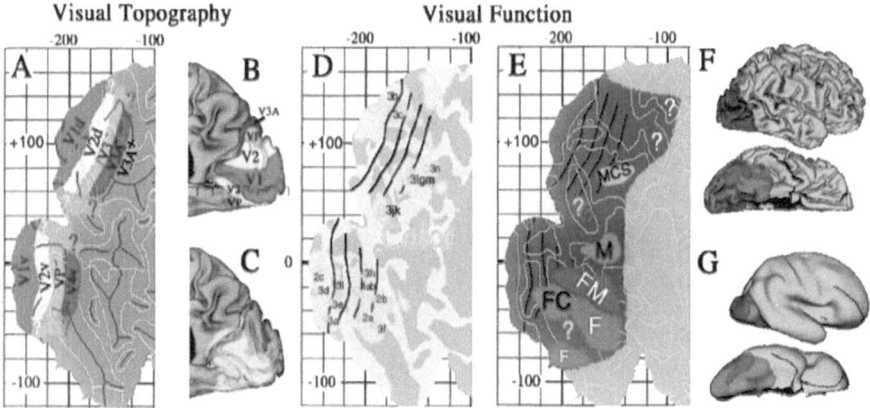

Fig. 4.6. Especialización funcional de la corteza visual humana. A. Organización de las áreas en un modelo cortical aplanado de la región occipito-temporal de un humano vidente (obsérvese grosor y asimetría de distribución de corteza visual V2d). B. Mismas áreas en el lóbulo occipital en corte lateral. C. Vista hemisférica occípito-temporal. D. Regiones implicadas en el procesamiento del color. Dentro del plano E, encontramos los siguientes procesamientos: FM (forma y movimiento), FC (forma y color), F (forma), MCS (movimiento, color y relaciones espaciales. Mapeos F y G muestran los mismos patrones en superficies lisas (Tomado de Van Essen *et al*, 1998).

Además, el análisis cortical del cerebro ha llevado a los científicos a considerar que su procesamiento se vincule con fenómenos cognitivos de alta complejidad, como el reconocimiento que hace el individuo de sus percepciones internas relacionadas con fenómenos subconscientes y de forma especial a autoreconocerse como ser y como modificador de su entorno. Estas neo-concepciones del procesamiento de las funciones de alto orden cerebral, aplicadas a la corteza, son analizadas recientemente a partir de modelos dinámicos aferentes y eferentes de las neuronas que interactúan desde las capas constitutivas de la corteza, hasta estructuras subcorticales, ofreciendo un sorprendente prisma de posibilidades que conduce a innovadoras perspectivas, y modificando las posiciones clásicas del procesamiento neuronal (*Cfr.* libro. 11, y parte V de este libro).

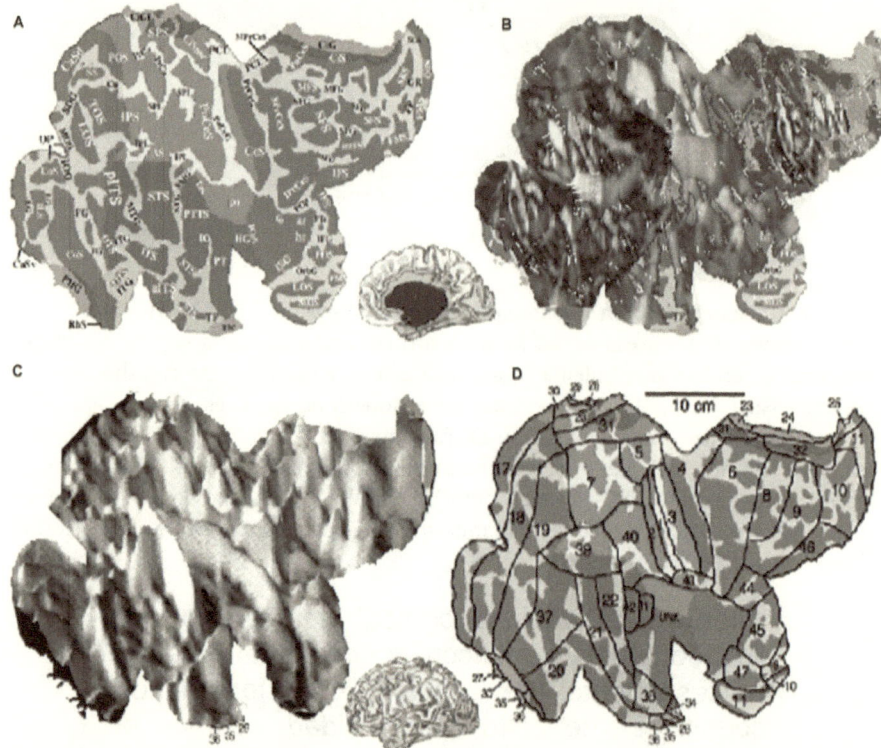

Fig 4.7 Aplanamiento cortical topográfico y modelos de mapeo. Los números, que están representados a lo largo del despliegue cortical, preservan la distribución zonal de los modelos descritos a principios del siglo XX. En A, las siglas que identifican las divisiones actuales de la corteza. En B, una superposición *bayesiana* (*Cfr.* Cap. 12) a los modelos actuales, que le otorga la actividad en picos tridimensionales. En C, un modelo simulado de activación durante procesamiento visuoespacial, especialmente corteza visual y áreas 39 y 40, mientras que también hay notables picos de actividad en CPFDL, particularmente en áreas 9 y 46. En D, la numeración correspondiente en el modelo aplanado original, de acuerdo con la clasificación de Brodmann. A partir de Van Essen & Drury, 1997.

En este siglo XXI, se han dado significativos avances en el análisis topográfico cortical de varias especies, y en el humano, se aprecia un gran desarrollo, desde el punto de vista de la compleja conectividad cerebral (Sporns et al, 2002). El proyecto conectoma humano (Sporns, 2005, Hagman et al, 2008; Toga et al, 2012, Van Essen, 2013), busca realizar un mapeo general de los tractos cerebrales especialmente por difusión tensorial en sustancia blanca (ver Módulo 4) y descifrar las conexiones intercorticales que producen funciones concienciales de alto orden.

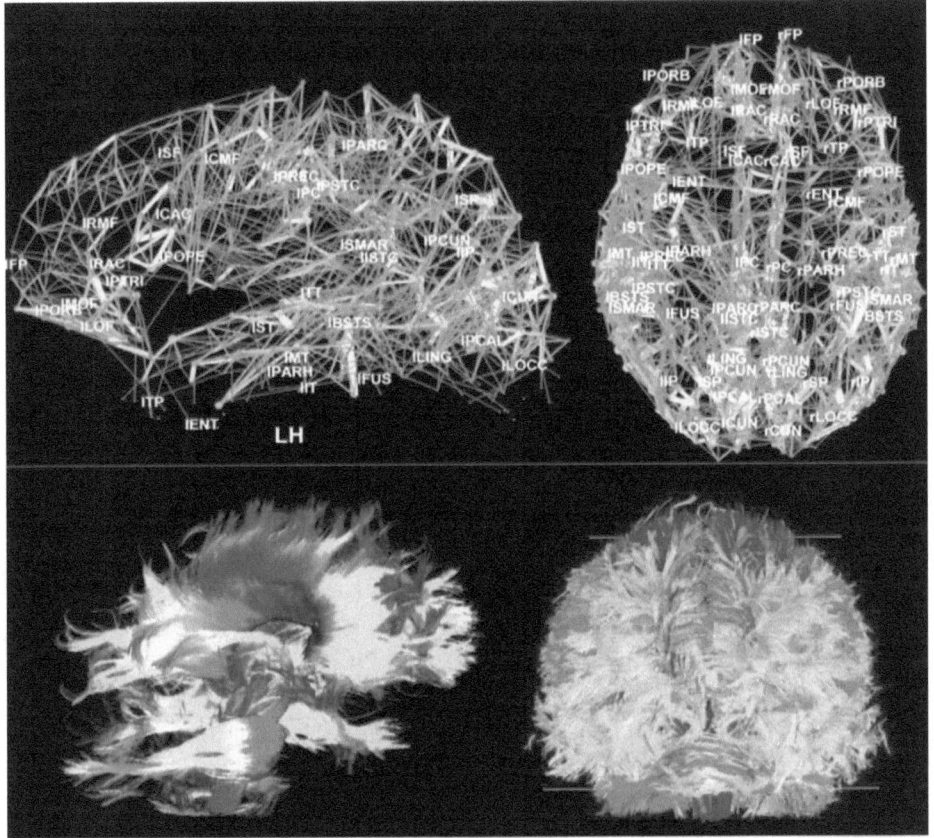

La capacidad conectiva de la corteza (Hagman et al, 2008). Abajo, Tractografías por difusión tensorial (LONI, Toga et al, 2012 & GWU-Minn, Van Essen et al, 2013), Proyecto Conectoma Humana (HCP).

Módulo 14

ESTRATIFICACIÓN CORTICAL
(Corticogénesis)

Bajo una orientación evolutiva filogenética, diversas estirpes neuronales, predestinadas a construir el gran edificio cortical, buscan acomodarse topográficamente en seis niveles, algunos subdivididos internamente, seleccionando o explorando, cada una de ellas, una función especializada de acuerdo con su distribución. Bajo un clásico modelo de organigrama cortical, las células piramidales se acomodan preferentemente en la capa V, que aparece densamente poblada en la corteza motora.

En contraste, la capa IV tiene una población de menor concentración, debido a su misión de establecer comunicación con otras fibras nerviosas preponderantemente ejecutivas.

Así, las células piramidales dispuestas en la capa III realizan conexiones pericallosas con la capa V del colículo superior, y cumplen tareas visuomotoras atentivas, como el enfoque objetal. También las células talámicas, en cada uno de sus diferentes núcleos, efectúan operaciones de alto orden: por ejemplo, del pulvinar del tálamo, o del NGL, a áreas visuales; o del NGM a AB 41-42, encargadas del procesamiento auditivo. La distribución laminar eferente córtico-talámica se asocia a la capa VI, mientras que la entrada de información procedente del óvalo talámico se efectúa en la capa IV cortical. Algunas interacciones córticocorticales, observadas en la capa V, tienen conexiones subcorticales con estriado, tallo, médula espinal, tálamo o espacios córtico-tectales (Jones, 1981).

Para una revisión profunda y detallada de las múltiples probabilidades de conexión intercortical y su función, existen textos contemporáneos que son bastante completos; entre ellos, los más de 20 tomos de "Cerebral Cortex", que hacen parte de un legado iniciado hace dos décadas, y la obra compilada por Schmitt y Worden[8], especialmente en el clásico capítulo de Edward G. Jones que versa sobre las conexiones aferentes y eferentes que, de manera columnar, se aprecian en algunos circuitos como el tálamo-cortical.

La variabilidad y diversidad neuronal, en términos de construcción y de cómo se organizan para lograrlo, provienen de células jóvenes originadas en la zona ventricular embrionaria (ZVE), cerca del ventrículo cerebral (Rakic, 1972). En el libro 6 de esta *Summa Neurobiológica*, sobre evolución y muerte celular, se describen los mecanismos generacionales y moleculares que subyacen a áreas periventriculares, al igual que las fases de desarrollo por las que atraviesa una unidad nerviosa para alcanzar su objetivo

---

[8] Schmitt FO, Worden FG, Adelman G & Dennis SG. (1981). *The Organization of the Cerebral Cortex*, Cambridge, Mass. MIT Press.

final: «lograr una posición especializada dentro de la corteza».

En el caso de la migración radial, las neuronas recién producidas de la zona ventricular se apoyan en células gliales para estratificarse, posicionarse y desplegarse a lo largo y ancho de la superficie cerebral. Han sido observadas diversas vías migratorias en células embrionarias *"in vitro"*, revelando patrones de movimiento saltatorio, que semejan estadíos temporales alternos dinámico-estacionarios.

En esta cinética migratoria de "brinquitos", las neuronas se desplazan desde la zona ventricular hacia la corteza, con una velocidad promedio de entre 10 y 30 micras por hora (O'Rourke *et al*, 1992), lo que significa que cada célula migrante (de las millones que atraviesan las capas corticales) realiza un pesado peregrinaje transcortical con un movimiento igual al de su masa por hora; o sea, ¡rodando casi durante aproximadamente 100 horas!

En la tabla 4.1, vemos los resultados de un proyecto aún vigente, creado desde la década de 1970 en Harvard, por iniciativa del neurocientífico Pasko Rakic, coordinado posteriormente por él mismo sin interrupción en la Universidad de Yale, y al que se han unido más de 30 connotados investigadores en neurobiología del desarrollo de 8 diferentes países, con el fin de estandarizar los períodos críticos de las estructuras neurales más estudiadas en el campo de la neurogénesis; en este caso, de la estratificación cortical. (Rakic PO, 2002).

TABLA 4,1 PERIODOS CRITICOS DE LA ESTRATIFICACION CORTICAL

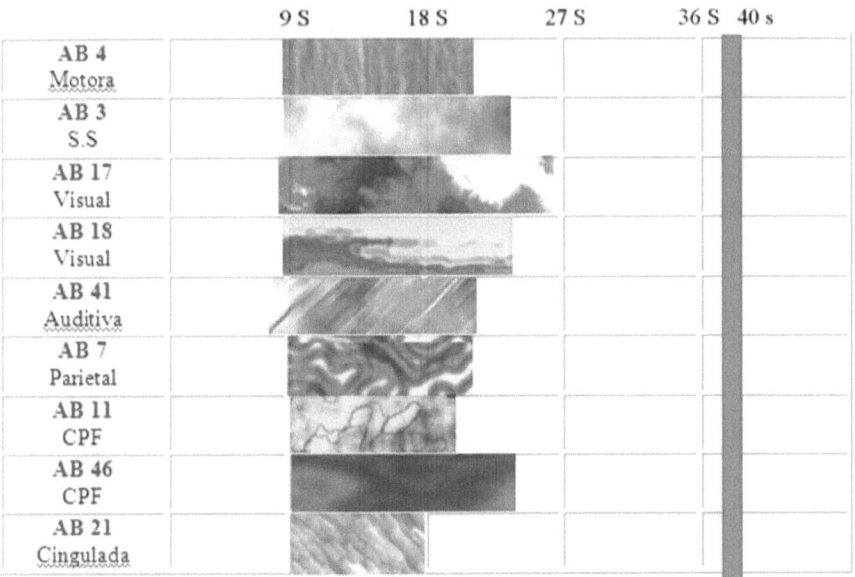

Adaptado de Rakic, 2002.

Las células jóvenes migran en estadios diferentes (*Cfr.* Módulo 6, Libro 2). Las columnas motoras son formadas por los axones de motoneuronas espinales, antes de ser enviados a la periferia, las células granulares del cerebelo extienden sus axones espectacularmente y, como pocas neuronas de su tamaño a distancias notables, mientras su estructura somática migra en etapas tardías del desarrollo, desde la capa granular externa, apoyándose en la *glia de bergmann* (Rakic & Sidman, 1973).

La migración neuroblástica otorga la identidad definitiva de algunas neuronas y establece, parcial o categóricamente, las propiedades conexionistas de la neurona madura. Una neurona post-mitótica de la ZVE produce células hijas que, dependiendo de su nacimiento en estadios tempranos del desarrollo, viajan hacia capas profundas corticales, y las más jóvenes son de estratos superficiales del cortex. Es así que las neuronas de etapas tardías deben atravesar las neuronas corticales acomodadas en las capas inferiores, para alcanzar su posición definitiva en las capas superficiales.

Aún no quedan claros estos mecanismos de migración neuroblástica cortical, ni su consecuente especialización. La identidad y función de una neurona se define en su proceso de transformación, de célula joven precursora, a madura y, en términos pragmáticos, podría pensarse que este campo de la neurobiología se encuentra actualmente a la espera de nuevas estirpes celulares cuyo fenotipo neuronal brinde nuevas perspectivas para confrontar estos interrogantes, puesto que aquel parece tener un comando genético como el que se marca a través de las circunvoluciones corticales (Rakic, 2004), y se sabe que la dinámica de migración de un sistema, como el espinal, difiere de otro, como el cortical.

El fundamento del desarrollo cortical no es compatible con el modelo de migración de las células periféricas que viajan desde la cresta neural. Este último se genera, más por la afinidad neuronal hacia su ruta migratoria y localización espinal final, que por el ciclo de madurez *per sé*, alcanzado con la transformación neuroblástica en la neurona madura. Los programas genéticos parecen tener una explicación para los fenómenos de acomodación de las neuronas migrantes corticales, y se determinan antes de que la célula deje de ser una encantadora neurona joven, cuyo fin es adaptarse a las necesidades de un módulo o columna estratégicamente distribuido (*Cfr.* caps. 3 y 20).

14.1 DE LA TOPOGRAFÍA...

La particularidad principal de la organización columnar típica de esta peculiar superficie, es la selección de sistemas distribuidos paralelamente en áreas con un carácter funcional, como la corteza somática-sensorial, corteza visual, corteza motora y otras, llamadas homotípicas, que son propias de las cortezas de asociación.

Los primeros experimentos que se realizaron para identificar una columna cortical obtuvieron evidencias al encontrar las mismas características electrofisiológicas a medida que un electrodo era insertado en la corteza somatosensorial de felinos (Mountcastle, 1957). Así, se llegó a la conclusión crucial, que toda columna tiene una direccionalidad selectiva. Esto permite concebir de alguna manera, una orientación de toda neurona, hacia la estratificación.

A partir de estas premisas, los científicos se dedicaron a entender el relieve cortical, y admitieron su estructura, como si estuviera dividida por mapas topográficos. El mapeo topográfico, por tanto, abrió nuevas expectativas de comprensión de la función cortical. Así, aparecieron los mapas retinotópicos, asociados directamente con la vía visual, que fueron diseñados primariamente por Jon Kaas y John Allman, a principios de los setenta. Los mismos se perfeccionaron durante esa década (Allman & Kaas, 1971; Allman, 1977), hasta que, hoy en día, el número de mapas, sólo para el área visual, sobrepasa las dos decenas. Igualmente, se identificaron mapas cocleotópicos o tonótopicos (Merzenich & Brugge, 1973), así como en el sistema motor, especialmente en AB 4 y AB 6 (Asanuma & Rosen, 1972).

Existen cuatro mapas somatotópicos que conforman el área somática sensorial en primates: l, 2, 3a y 3b. El área 3a es la más delgada y ocupa un 60 por ciento de sus neuronas en la función del pie y miembros inferiores; una tercera parte se encarga del procesamiento de sensaciones de la muñeca, y el resto lo ocupa la cara. Mientras que las particularidades de las restantes regiones 3b, 1 y 2, parecen guardar cierta similitud (Kaas y Pons, 1981). Cada una de las cuatro regiones de la figura 4.8 admite información proveniente del entorno. Por ejemplo, *3a* recibe aferentes musculares; 3b y 1 obtienen información de los adaptadores lentos y rápidos de las aferentes cutáneas; y al área 2 arriban sensaciones procedentes de articulaciones y superficie de la mano.

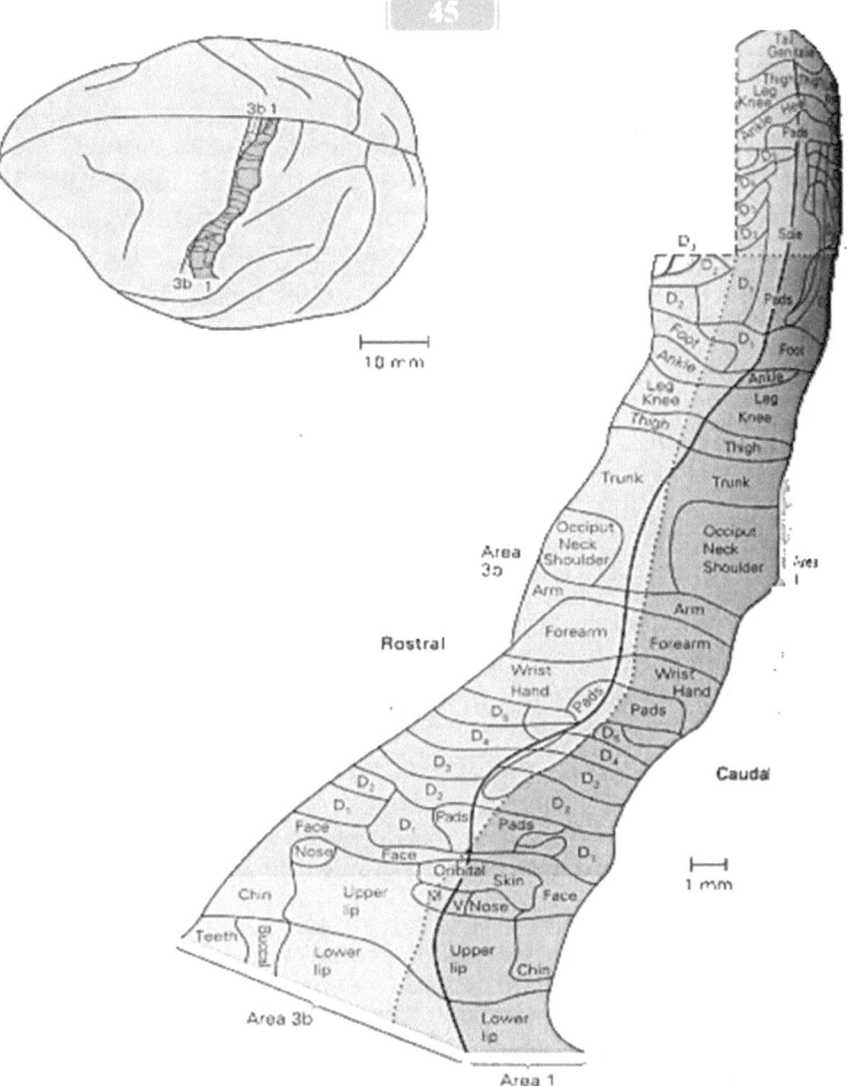

Fig. 4.8 Representación somatópica de la corteza somática-sensorial del área postcentral del primate. (A). El área 3b duplica en grosor a 3 a y, en ese aspecto, es parecida al resto de las demás secciones del mapa. 3b se ocupa de muslo, tronco, muñeca (en proporción menos significativa que 3 a), dígitos contralaterales, antebrazo, y la parte de la cara es dedicada al labio superior. Las áreas 1 y 2 son similares en sus porcentajes y proporciones de distribución al área 3b. Difieren en que 1 tiene igual preferencia por el procesamiento de sensaciones de 3b, pero muy poca región destinada a la actividad en cara; mientras que el área 2 es mayor para cara y actividad de dígitos contralaterales, con nula actividad en el labio superior. En área 2, las partes parecen estar bastante proporcionadas, a excepción de la función digital. Modificado de Kaas y Pons, 1988.

Estas informaciones son canalizadas de manera específica y, sólo en casos especiales, la información que llega a los campos receptivos puede ser superimpuesta. La aplicación funcional de este mapa sirvió a los científicos para entender la importancia de las minicolumnas en la corteza sensorial. Gracias a ellos, se planearon experimentos asociados con la regeneración nerviosa, partiendo desde una perspectiva de procesamiento columnar, en la que se preservan las funciones sensoriales (Sur *et al*, 1984).

De ésta manera, las columnas corticales somatosensoriales se entienden como poblaciones neuronales que, según su función, tienen un patrón de fibras aferentes; por ejemplo, las que se rigen por el sistema lemniscal y la columna dorsal, que arriban al complejo ventrobasal talámico, conformando el mayor complejo de procesamiento sensorial en la corteza cerebral (Mountcastle, 1984).

En cuanto a la organización columnar de AB 17, o corteza visual primaria (V1)[9], tiene propiedades neuronales específicas que, debido a su misma complejidad, ha sido estudiada por connotados investigadores enn las últimas décadas (Hubel & Wiesel, 1959; Van Essen & Zeki, 1978; Horton 1984, Zeki, 2003; Sincich & Horton, 2005).

---

[9] Salomón Henschen fue el primero en inferir la importancia absoluta de V1 como la capa más importante en el procesamiento cortical de la visión. A finales del siglo XIX, Paul Emil Flechsig había otorgado facultades psíquicas (*Cogitationzentren*) a la corteza visual primaria, ya que, según sus reportes, una lesión en V1 era suficiente para producir ceguera mental (*Seelenblindheit*).

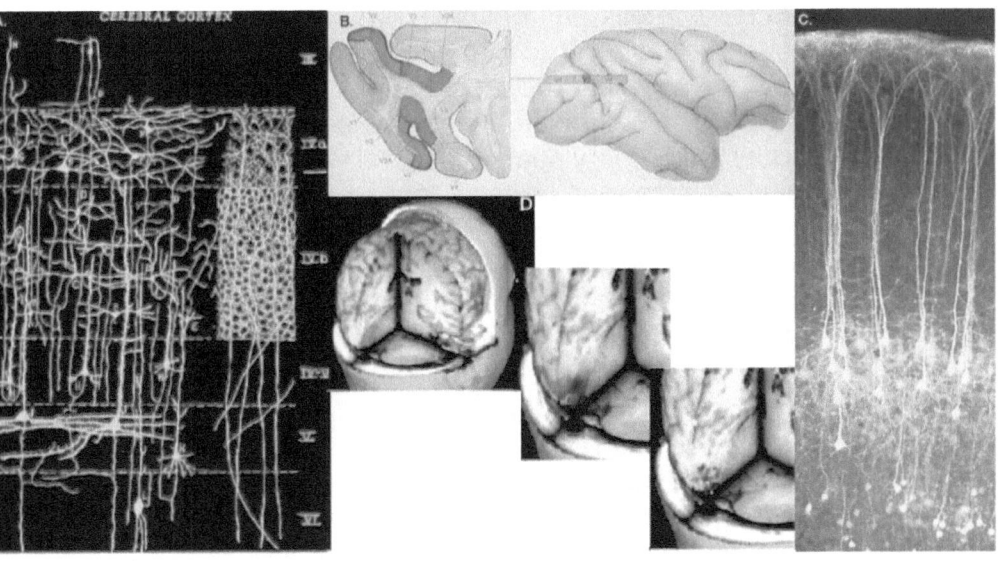

4.9   Diagrama de las capas y células de la corteza visual. A).
Esquema *cajaliano* de la corteza cerebral. B). Concepción contemporánea de
las capas corticales (Zeki, 1992). C). Espectacular imagen tomada por Galina
Demyanenko, de las células piramidales corticales de la capa V, teñidas con
proteína verde fluorescente (GFP). Llama la atención la gran similitud de la
foto con los dibujos de Cajal hace 100 años. D). Imágenes tridimensionales
del procesamiento de la corteza estriada y extraestriada humana. La
diferencia de colores explica el mapeo topográfico de V1, V2, V2d, V3 y
V3a, en tareas de rotación de objetos, y la correlación cortical de los campos
visuales (Smith *et al*, 2001).

Las neuronas en V1 dependen de un campo
receptivo al que los científicos llamaron campo
visual, que es particularmente sensible a un
estímulo visual particular y a diversos ángulos
de orientación. En ellas, se describen columnas
que oscilan entre los 20 μm y los 500-750 μm
(Hubel & Wiesel, 1961 y 1974).

En general, la corteza visual se divide en
varias regiones, como V1, V2, V2d, V3 y V3a;
V4, V5 y V5a (Zeki, 1973), e incluso el grupo de

R.B.H Tootell ha descrito V8, en el giro fusiforme del cerebro humano (Hadjikhani *et al*, 1998). Cada una de estas áreas enunciadas tiene una función determinada en el procesamiento visual, y la clave de esta singular taxonomía reside en su estructura y función.

La corteza visual primaria (V1), localizada en AB 17, tiene como característica principal recibir toda la información que procede de la retina, vía tálamo y núcleo geniculado lateral (NGL). V1 es muy rica en capas celulares, con el mismo patrón histológico del NGL, caracterizado por células grandes o magnocelulares y pequeñas o parvocelulares. Como la mayoría de áreas corticales, consta de seis capas, entre cuyas subdivisiones destacan la capa IV (principalmente IV B y IV C α). Descripciones específicas de las capas II y III de la corteza primaria V1 han demostrado la presencia de grupos columnares de células muy pequeñas, que reciben información de la vía parvocelular del NGL, y que, por su tendencia a condensarse, dejando una especie de mancha de aproximadamente 150 μm sobre el tejido, han sido llamadas *"blob"*. Su función, proporcionada por las células tipo *"X"*, es de alta resolución, y se encargan exclusivamente del procesamiento del color (Hubel & Wiesel, 1974).

Las regiones columnares de condensación, presentes en las capas II y III de V1, generan la dominancia ocular, y tienen espacios entre sí, que los científicos llamaron *espacios interblob*, de aproximadamente 350 μm (Hubel & Wiesel, 1968 y 1977). La importancia de estas regiones *interblob*, pobladas de parvocélulas (células P) especializadas en recibir información del NGL, es garantizar la calidad de discriminación del color que llega primariamente a la corteza visual, además de apoyar, en menor grado, con la distinción de bordes de figura y el cálculo espacial de profundidad, en la relación que existe entre una figura y otra (Livingstone & Hubel, 1984).

Un segundo grupo de neuronas, que se encuentra en capas IV B, IV C_α y VI, de orden magnocelular (células "Y", de baja resolución), se encarga de otras importantes funciones, a saber, las de distinguir movimientos, formas, bordes, fondos y figura de los objetos, que se lleva a cabo gracias a la información procedente del sistema magnocelular presente en el NGL. Esta capa IV B se proyecta sobre el área V5 (MT, temporal media), a través de columnas que atraviesan V2, con un grosor superior a las 100 μm, llamadas de «banda ancha», y efectúan las tareas de procesamiento visual, asociado con la detección del movimiento de los objetos, y también sobre área visual V3, que discrimina la forma dinámica de determinadas figuras, como la rotación, o su presencia en el espacio (Livingstone & Hubel, 1984).

La corteza visual bautizada como V2, por lo tanto, se compone mayormente de estas bandas, que difieren en grosor y conformación celular (Tootell *et al*, 1983).

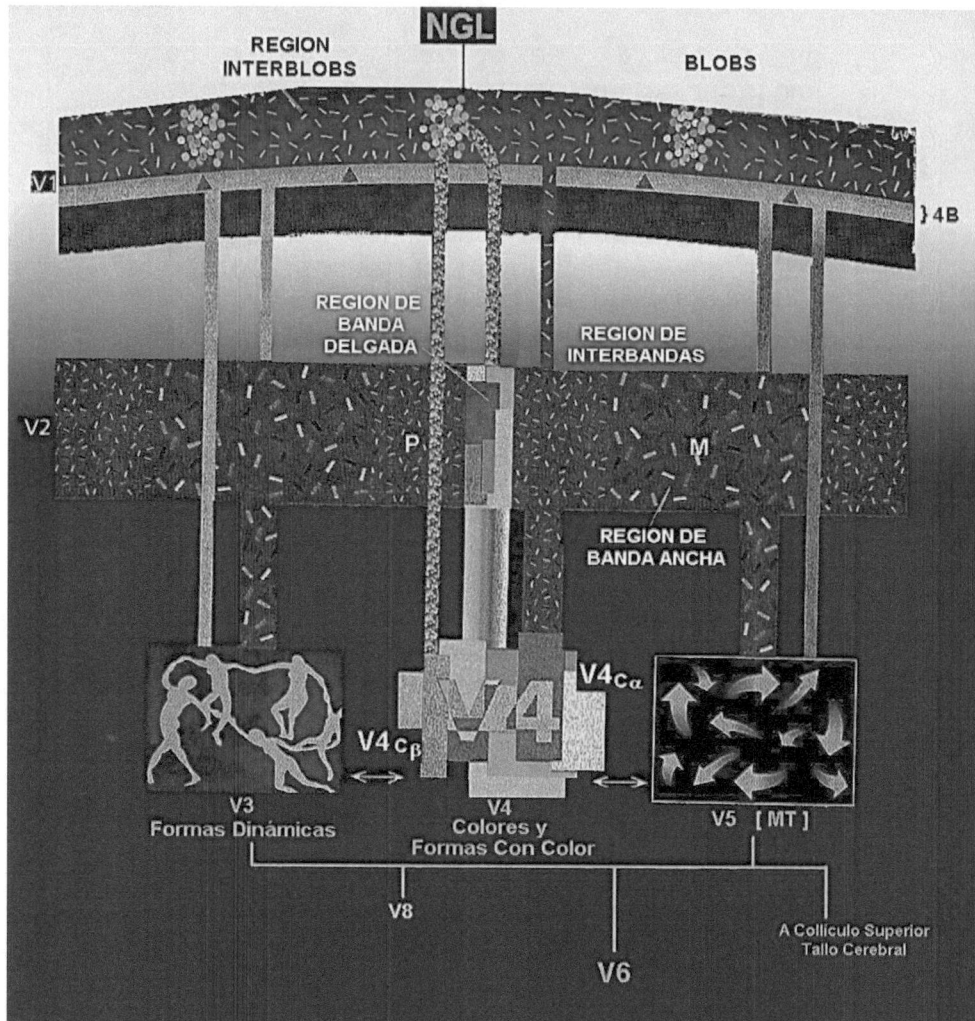

Fig. 4.10 Procesamiento de alto orden en la corteza visual. En la barra transversal superior encontramos a V1, corteza visual primaria, dividida en 6 láminas principales. La células pequeñas que se encuentran en las capas II y III reciben información del sistema parvocelular del NGL. Nótese la presencia de manchas o *blobs* y de los espacios *interblob*. Las capas inferiores IV y VI, tienen población magnocelular y proyecciones principalmente a V3 y V5, a través de bandas gruesas que se encargan de detectar el movimiento de los objetos. La barra central identifica a V2. Obsérvese la distribución de sistemas magnocelulares (M) y parvocelulares (P) dentro de ella, y la presencia de bandas anchas y angostas, así como de sus espacios interbanda (parvocelular) que se asocian directamente con V4 y la función que procesa mayormente formas, figuras y color. En la base de la gráfica distinguimos las tres unidades de procesamiento especializado V3, V4 y V5, cuyas funciones son didácticamente ilustradas. V8 representa el mecanismo propuesto por V. Ramachandran, explicando fenómenos sinestésicos, y sus probables interacciones, enunciadas en el módulo 16 (a partir de Semir Zeki, 1992).

Así pues, en V2, la banda ancha es determinada por el sistema magnocelular y procesa movimiento y formas dinámicas, mientras que las interbandas y las bandas delgadas están compuestas por parvocélulas, especialistas en diferenciar longitudes de onda, que traducen la discriminación del color. Empero, como se observa en la gráfica 4.10, también las interbandas procesan, en menor grado, la forma de los objetos y llegan mayormente al área V4 (Zeki, 1983).

Estos eventos antológicos de procesamiento paralelo y distribuido derivan en cuatro sistemas que se antojan computacionales: Uno para el movimiento, otro para el color y dos más para la forma (Zeki, 1992). Así, podemos resumir lo que se describe párrafos arriba: el movimiento sigue la vía del área MT (V5), utilizando el sistema magnocelular a través del uso de bandas anchas que atraviesan V2; mientras que el color queda bajo la función de la capa 4 C_β y las células "X" (parvocelulares), más los *blobs* y otros espacios intercolumnares de V1 (Horton y Hubel, 1981), que utilizan el puente de V2 para lograr su cometido. Por su parte, los dos modelos restantes, que procesan las formas, se refieren a V3, apoyado por el sistema magnocelular, vía banda ancha, procedente de V1 , a través de las capas IV y VI, y el cuarto módulo, que analiza dualmente el estímulo visual del color y la forma en V4 (C_α y C_β), recibiendo información paralela originada en los *interblobs* de V1 y las interbandas de V2.

La topografía cortical, también ha sido estudiada por técnicas tridimensionales de resonancia magnética funcional, que aportan la relación operativa de la discriminación de la dinámica objetal, acompañados de mapeos corticales (ver Fig. 4.9-d). En ellos, se analizan en cursos temporales los fenómenos de rotación, expansión y contracción de figuras, y el ajuste cortical que realiza el cerebro en tiempo real para procesar información en V1, V2, V3 y cortezas de asociación visual, respecto al tamaño de los campos visuales como categoría perceptiva y de clasificación del movimiento (Smith *et al*, 2001).

14.1.1 NUEVAS ALTERNATIVAS EN EL PROCESAMIENTO VISUAL

En una muy contemporánea propuesta, tincionando con citocromo–oxidasa (CO) neuronas de V1 en primates no humanos, los investigadores indagaron nuevas vías de procesamiento (Horton, 1984; Lachica & Casagrande, 1992; Sincich et al, 2010). Así surgen nuevos interrogantes que en la actualidad marcan la pauta para explicar el procesamiento visual alterno, o tercera vía entre AB 17 y subcapas de la corteza extraestriada V2, procedentes del NGL (Casagrande & Kaas, 1994; Callaway, 1998, 2005, Briggs & Usrey, 2009, Stringham et al, 2013).

En las postrimerías del pasado siglo XX, algunos nuevos compartimientos funcionales fueron descritos gracias a la enzima mitocondrial (CO) sobretodo en ramas existentes entre el NGL y las capas II y III de V1, que constituyen el canal koniocelular[10] (Hendry & Yoshioka, 1994; Callaway, 1998). Este túnel multicolor entre el pulvinar talámico y V1 (pisos 2 y 3) es el encargado de procesar el color, contrastando con la vía clásica difundida por Zeki, Tootell, Hubel, Wiesel y Livingstone primordialmente que promulga a las parvocélulas, como las responsables de la discriminación del color entre V1 y V4. Una de las pruebas que apoya la hipótesis que realmente el procesamiento del color no compete específicamente al sistema parvocelular de V4, radica en la evidencia, que en la acromatopsia (dificultad severa para discriminar colores), el sitio de lesión más frecuente se ubica en el giro fusiforme (AB 37), un área cortical extraestriada con funciones visuales de asociación.

Estudios posteriores respecto a la via Koniocelular, relacionan a las capas IV A y V-VI con proyecciones a V2. Así se supo que la capa IV B no se asocia exclusivamente con células gigantes "M" sino que también tiene presencia de parvocélulas que forman bandas delgadas y que los *interblobs* de las capas II y III ayudan a constituir, además de bandas claras que procesan las formas de los objetos en V4; la proyección de bandas gruesas que viajan de forma independiente hacia MT o área V5 (Sincich & Horton, 2003, Sincich et al, 2010).

---

[10]   Traduce la conjunción de los colores primarios Azul~Amarillo. Fue previamente adaptada por (Ts'o & Gilbert, 1988; *J. Neurosci.* 8:1712-27) a partir de los modelos clásicos de oposición en campos receptivos verde-rojo.

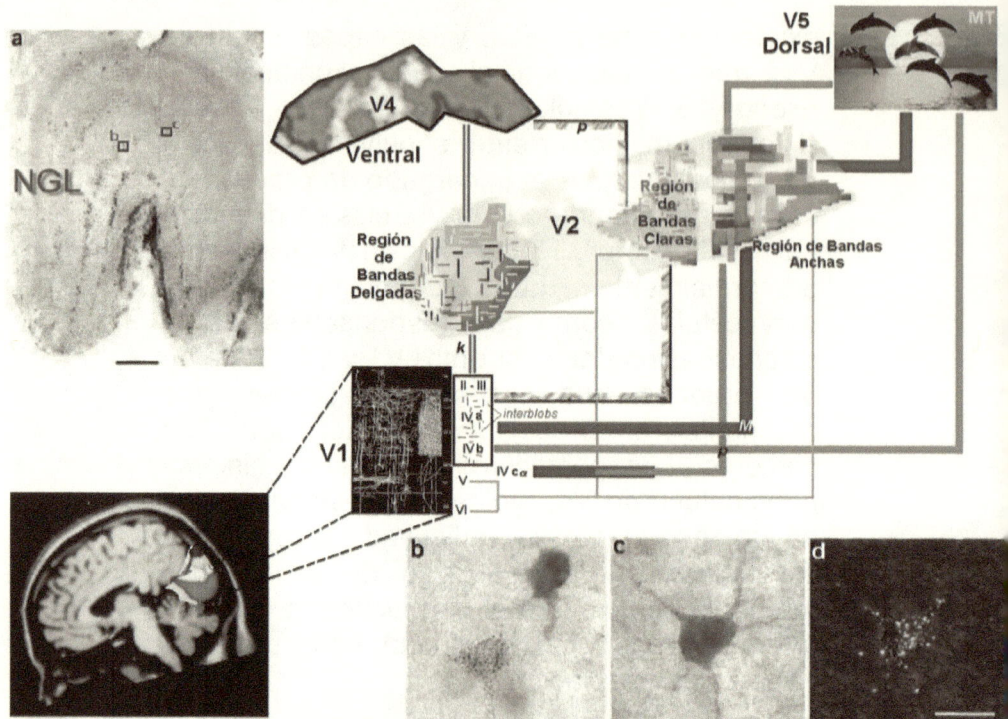

Fig. 4.11. Una configuración alterna del procesamiento visual. Se ilustran las tres vías neuronales principales e imágenes histológicas del Núcleo Geniculado Lateral (NGL) evidenciando el sistema *koniocelular (a-d)*. Con experimentos realizados en primates no humanos durante las últimas dos décadas utilizando citocromo-oxidasa en neuronas de V1 y V2, existe una propuesta alterna enfocada a comprender las distribuciones celulares que evidencian la sofisticada evolución de las ramas ventral (V4) y dorsal (V5) en la corteza visual. Se trata de la participación de las vías *Konio* y *Parvocelulares* del NGL proyectándose sobre las capas II y III de V1. El canal *Koniocelular (K),* conforma una columna delgada en V2 para arribar a V4, encargándose del procesamiento del color, mientras que (rompiendo los esquemas del modelo clásico de la fig. 4.10), la porción parvocelular *(p)* de V2 procesaría las formas. De los espacios *interblobs* entre las capas II-III y IV a y IV b, se forman bandas claras y bandas anchas en V2 que llegan a V4 y V5. Las neuronas de las capas V y VI en V1, se comunican con estos tres tipos de columna. La rama dorsal del sistema visual es compuesta por células magno y parvocelulares que viajan desde el NGL hacia las capas IV Cα y IV B de V1, desplazando axones independientes y estableciendo las bandas claras presentes en V2 y bandas anchas que arriban a V5, procesando el movimiento de las imágenes. (A partir de Hendry & Reid, 2000 y Sincich & Horton, 2005). En corte histológico (a), experimentos por inmunocitoquímica demuestran fijación de calcio-calmodulin cinasa II (CaMK II) en el canal Koniocelular del núcleo geniculado lateral (NGL) del mono. Barra escalar 1 mm. En (b y c), neuronas del sistema *koniocelular* amplificadas y marcadas doblemente por CaM K II y por una subunidad de la tóxina del cólera (CTB). En (d), iluminación en campo oscuro y células marcadas por CTB. Barra escalar (b-d) 20 μm (Modificado de Sincich *et al*, 2004).

Este concepto, que dos tipos de bandas son proyectadas en V2, integrando celularidad parvo y magnocelular (Sincich et al, 2010), es radical para entender el procesamiento de las formas dinámicas y el movimiento por células especializadas de la corteza visual, en especial las capas V3, V4 y V5.

En otras palabras, la presencia de células gigantes M, en capa IVB y su proyección a V5 (vía bandas claras), compete al concepto clásico que V5 solo era compatible con el procesamiento exclusivo del movimiento de las imágenes, expresa participación de las bandas gruesas, sin requerir del concurso de otro tipo de vías (Callaway, 1998, 2005).

De esta forma la rama dorsal, que comprende a MT, no solo es magnocelular sino que tiene una acción dual apoyada por el sistema neuronal "P", parvocelular, proveniente de la capa IV B de V1. Por lo tanto V2, estaría en condiciones de procesar la dinámica de los objetos (vía banda ancha~V5) y aparte, discriminaría gracias a la intervención del sistema parvocelular en V4, las formas (no el color) de las figuras que el ojo ve, a través de las bandas claras (Ver Fig. 4.11).

14.1.2 LA INTEGRACION VISUO-ESPACIAL

La importancia de las ramas dorsal y ventral del sistema visual, cobran mayor interés cuando se establece que son estas dos ramas, las responsables de la integración visuo-espacial de alto orden en el primate.

Las dos ramas más importantes de este tipo de integración se sintetizan en dos palabras: "Qué", "Dónde". La rama ventral (temporal inferior) nos dice el *qué* de las cosas. La rama dorsal (parietal posterior), es la que nos dice "donde" están los objetos (Ungerleider & Mishkin, 1982; Ungerleider & Haxby, 1994).

La relación entre la percepción y la acción se logra a través de la rama ventral de la corteza visual primaria V1, en su porción temporal inferior (CVTI), cuya función es decirnos el "qué" de los objetos. Es decir, transformar esta información en representaciones perceptivas que involucran el carácter de los objetos y su relación con el espacio, determinando la discriminación de los mismos en un plano extracorporal (Eskandar, 1992).

En tanto, la rama dorsal de la corteza visual, situada en su porción parietal posterior (CVPP), es capaz de brindar un tipo de percepción secuencial, momento a momento, acerca de la localización y disposición acorde a una acción atencional que se dirige a tales objetos. (Ungerleider & MIshkin, 1982, Goodale & Milner, 1992).

Por ello, se puede concluir que ambas ramas trabajan en la producción y sostén de un tipo de conducta visual "adaptativa", en la que la rama dorsal (CDPP) es más espacial y dinámica. Asimismo, la parte que brinda el mayor carácter perceptual es responsabilidad de la CVTI, mientras que el control de la ejecución meramente perceptiva del movimiento de un objeto, es mediada por la actividad de la CDPP.

La transmisión de la información de la vía visual a otras áreas corticales procesa funciones de movimiento y discriminación de profundidad y cálculo del espacio en el área ventral intraparietal y parietal (AB 7 y 7-A), así como en región temporal superior medial, mediante las células "Y" de baja resolución del sistema magnocelular, pudiendo ser parte de la discriminación de forma y profundidad, como el reconocimiento de caras y objetos (Grill-Spector, 2003).

A tres décadas de sus primeras descripciones, el sistema dorso-ventral de procesamiento e integración visual parece tener algunos obstáculos, especialmente en la integración tridimensional de los objetos (Farivar, 2009). Actualmente estas dos vías paradigmáticas por su avanzado procesamiento jerárquico en modalidad cefalo-caudal (*top-down*), son trascendentales desde una perspectiva neuroepistémica (Zambrano, 2012), ya que, además de su gran relevancia en sofisticadas tareas cognitivas, tienen implicación en procesos concienciales de alto orden como la memoria semántica y tareas de planeación y expectación, pudiendo controlar visualmente el movimiento "incluso sin intervención del contacto visual" (Milner, 2012).

14.1.3 DOMINANCIA OCULAR Y COMO VEMOS EN COLORES.

A su vez, el procesamiento del color puede pasar de la vía visual, cruzando el sistema parvocelular de alta definición, a áreas inferotemporales (De Yoe & Van Essen, 1988) o siguiendo la via alternativa gracias al concurso de las células *"K"*, koniocelulares (Sincich & Horton, 2005). Actualmente, la preocupación de la comunidad de expertos que trabajan en este interesante dilema reside en orientar estrategias experimentales contundentes, que conduzcan a comprender el mecanismo neural mínimo que uniría, durante estos procesos, a tan estratégicas áreas, donde el procesamiento a capas profundas de V1 y V2, pueden tener vías alternas (Briggs & Usrey, 2009, Stringham et al, 2013).

Por otro lado, los nexos intercorticales que se dan a nivel de V1 tienen un estricto procesamiento de orden jerárquico *"cefalo-caudal"*, fundamental para entender la espacialidad funcional de la corteza visual y concebir el sustrato que define la generación de la imagen mental y los mecanismos neurales de la atención selectiva *(Vide Infra)*.

En la figura 4.12, podemos observar que diversos *blobs*, o agrupaciones celulares especializadas en procesamiento de color, se colocan estratégicamente a través de las capas de V1, excepto en la capa IV. Debemos recordar que la información que llega a estos grupos procede de las capas parvocelulares del NGL, aunque de forma interesante algunas estirpes celulares están involucradas dentro del canal amarillo-azul que identifica a la vía Konio-celular (Sincich et al, 2010, Stringham, 2013). Así las células especializadas en color que están en V4, reciben información *konio-pulvinar*, via NGL, fortaleciendo también las proyecciones de bandas delgadas y anchas a corteza estriato-visual (Sincich & Horton, 2005).

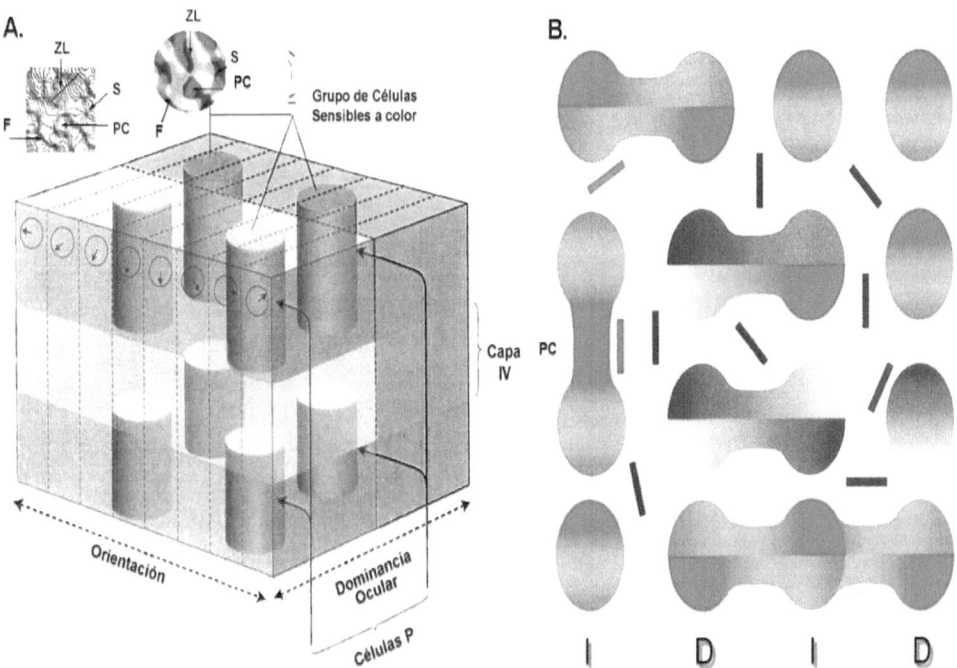

Fig 4.12 Identificación del color en células de la vía visual, inmersas en el modelo de dominancia ocular. A) Obsérvense las columnas que determinan la dominancia ocular y la dirección que marca los grados en las columnas de orientación, en ella se puede inferir los efectos de singularidad (S), puntos de convergencia (PC) y fractura (F), dentro de las zonas lineales (ZL) propuestas por Obermayer y Blasdel, en 1993 (A partir de Hubel & Wiesel, 1974 y Mathews, 2001). En B), La dominancia ocular con la participación del sistema Koniocelular. En el modelo de selectividad de color que opera para V1, las columnas de dominancia ocular son marcadas con (I) y (D), describiendo las columnas correspondientes para cada ojo (disposición vertical).   Los grupos celulares especializados para color (*blobs)* son ilustrados como elipses, con los colores para cada sistema (azul/amarillo ~ rojo/verde). Las células que no se orientan por *blobs*, se marcan en negro o en otras barras de color. La mayoría de estos grupos se mezclan con sus vecinos a través de las columnas según dominancia ocular. En el modelo electrofisiológico clásico, la mayoría de *blobs* tratan de unirse a su color oponente y pocos, con células afines a su color similar. En este caso, el procesamiento Koniocelular (azul-amarillo) permanece confinado a sus *blobs*. En general para éste modelo, las células bien orientadas muestran preferencia hacia sus similares y sólo en casos específicos puede unirse al sistema oponente, siguiendo una línea   convencional de dominancia ocular, que puede considerarse como mecanismo de compensación de la vía Azul-Amarilla o Koniocelular (A partir de Landisman y Ts'o, 2002 y Stringham et al, 2013).

La propiedad de la dominancia ocular de estas neuronas varía de acuerdo con las columnas que haya en cada ojo. Los premios Nobel, Thorsten Wiesel y David Hubel, conjeturaron las medidas tangenciales de dos clases de hipercolumnas (mayores de 500 µm), que podían girar según la orientación, específicamente en las capas IV A y IV C, originado cambios en la orientación de la columna, como la singularidad encontrada en el giro de 180 grados, con tendencia al centro, de las columnas de dominancia ocular, al igual que un punto que semeja la convergencia de cuatro singularidades, además de otro punto de fractura, donde no hay secuencia de los puntos descritos originalmente hace varias décadas (Hubel & Wiesel, 1974; Blasdel, 1992).

Los niveles de percepción visual del ojo demuestran, en animales de experimentación como el gato, un grado de acoplamiento superior en la oscuridad y un avanzado sistema neuronal que es activado por células especializadas, del tipo de los bastones retinales y los mecanismos de acople a los fotones o rayos de luz, que efectúan las llamados células bipolares "On" y "Off", dependiendo del estímulo visual que se les presente (Hubel & Wiesel, 1959). Al extenderse en la vía visual, estos tenaces investigadores identificaron el mismo mecanismo de campos receptivos en células del NGL (Hubel & Wiesel, 1961). El resultado de estos estudios desembocó en células de la corteza visual, donde se identificaron las propiedades de respuesta de "doble oposición" (Ver Fig. 4.14), observadas en las neuronas sensibles a color en las células "X" del NGL, que envían señales a la corteza con mediación de segundos mensajeros (Hubel & Wiesel, 1968).

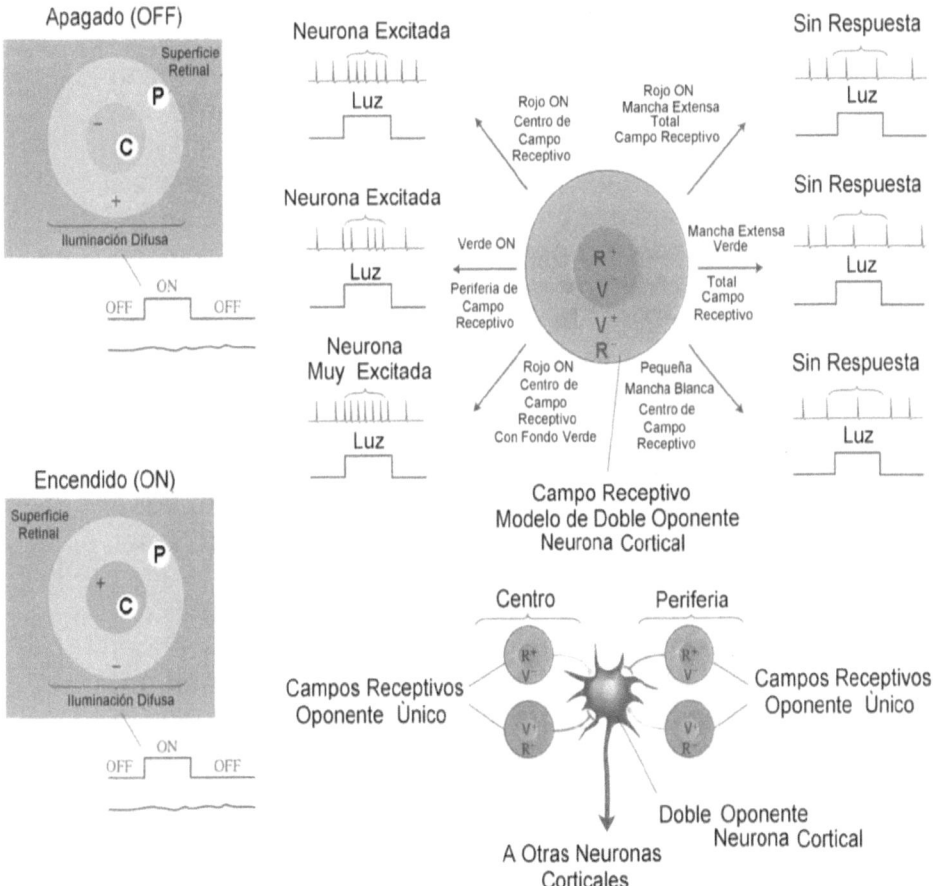

Fig 4.13 Electrofisiología de doble oposición y campos receptivos en vía visual. A la izquierda, campos receptivos visuales (P, periférico y C, central) y respuesta a la luz en los modelos de neuronas bipolares ON y OFF. En el doble círculo central, la mejor respuesta excitatoria se obtiene con una estimulación opuesta (R, roja), sobre un campo receptivo verde (V), evidenciada en la célula fuertemente despolarizada por luz. En contraste, no hay activación cuando los colores se superponen, porque existe un fenómeno inhibitorio que cancela la actividad despolarizante. Una ocupación total del campo receptivo obviamente eclipsa su actividad. Estos elegantes experimentos reportados originalmente por Hubel y Wiesel, para explicar el procesamiento clásico del color, no incluyen la participación de neuronas del sistema *koniocelular*. A partir de Mathews, 2001.

14.1.4 HACIA UN MAPEO TONO-TOPICO AUDITIVO

Las vías sensoriales en general, así como la corteza motora y las cortezas homotípicas o de asociación, han sido constantemente estudiadas; sin embargo, no con tanta profundidad como lo ha sido la corteza visual. Por su importancia, el análisis de la aplicación de la corteza motora en su trascendencia neurobiológica y de investigación se cita dentro del capítulo de procesamiento columnar, y las cortezas de asociación son revisadas en la sección IV, referente a las aplicaciones de alto orden.

Los primeros estudios electrofisiológicos en corteza auditiva de carnívoros revelaron que las frecuencias de sonido pueden ser mapeadas, de manera tonotópica, en varias áreas corticales (Woolsey & Walzl, 1942). Hace más de medio siglo, se describía que las fibras aferentes cocleares de los perros tenían un estrecho rango de frecuencias que viajaban a través de fibras menores a 200 µm de grosor y de 5-7 mm de largo, a lo largo del giro cortical (Tunturi, 1950), que luego fue confrontado con la misma AB 41-42 existente en primates (Merzenich *et al*, 1973).

Otra propiedad funcional de las neuronas corticales auditivas es su característica de no uniformarse en las bandas de frecuencia, pudiendo ser éstas excitatorias o inhibitorias de manera binaural, y la capacidad de combinación de sus cualidades entre sí, por lo que pueden traducir información inhibitoriaexcitatoria o viceversa, al igual que inhibitoria-inhibitoria, o doblemente excitatoria (Imig, 1977).

Aunque la actividad neuronal cortical auditiva depende mayormente de las aferentes primarias ligadas a la cóclea, los estudios con microelectrodos entre las capas II y IV de la corteza auditiva demostraron similar sensibilidad espectral en las propiedades de la respuesta binaural, separándose tan sólo por 100 µm (Heil *et al*, 1997). Esto explica de manera contundente que el procesamiento auditivo se realiza mayormente a partir de las percepciones cocleares, las cuales tienen múltiples vías de aferentación que son procesadas en capas intermedias de AB 41-42. En otras palabras, el *input* cortical que se produce por interacción tálamo-cortical durante el sueño, podría relacionarse con la capa IV de la corteza auditiva, generando los fenómenos de contextualización selectiva asociados a los mecanismos descritos en algunas teorías de la conciencia (*Cfr.* Libro 16).

La organización topográfica del sistema auditivo se basa en la función coclear de sus núcleos y sus ganglios (Leake et al, 1992). Los estudios recientes en busca del ansiado mapa tonotópico se asocian con los gradientes primarios del giro de Heschl y sus funciones audtivo-fisiológicas (Saenz & Langers, 2014).

Una aproximación para lograr la integración de un mapa tonotópico a nivel de la vía audtiva puede realizarse con el apoyo de neuroimagen. En la actualidad, los científicos realizan estudios con tractografía por difusión tensorial, siguiendo la vía talámica del cuerpo geniculado medial hasta el colículo inferior y la corteza auditiva.(Javad et al, 2014).

Sin embargo, en términos concienciales, la riqueza fisiológica del reflejo óculo-vestibular es notoria, tal como se discute en la parte V (Niveles de Conciencia y Cognición). De esta forma, es considerable inferir que aún falta mucho para poder establecer, como sería la estructuración topográfica de la corteza auditiva, dilucidando los mecanismos de estratificación de neuronas especializadas, para entender su valor epistémico. Hoy, los investigadores, enfilan sus baterías hacia dilucidar más, las vías de procesamiento, que en el estudio de la migración cortical durante el desarrollo (Javad et al, 2014; Saenz & Largers, 2014). En este aspecto, los resultados son favorables. Por un lado, se investiga cotidianamente en el procesamiento sensorial y de localización de objetos que realizan las cortezas AB 41 y 42, por medio de la discriminación de Intensidad, Tono y Timbre. Además, en términos estructurales, se tiene una aproximación muy cercana al conocimiento de las fibras nerviosas de la vía auditiva, entre ellos, la relevancia de las células agrupadas en los núcleos vestíbulo-cocleares interactuando con estructuras profundas cerebelares y su implicación en los mecanismos primitivos de conciencia (Ver Libro 3, Módulo 10, Neurobiología del Intelecto).

Módulo 15

LA ARTESANÍA CORTICAL Y LA EMERGENCIA DE LAS FUNCIONES CEREBRALES SUPERIORES

El conjunto de las funciones superiores del hombre no puede entenderse de manera independiente. Todas las tareas consideradas de gran conjunción neuronal tienen un complemento mutuo, cuyas acciones convergen en áreas corticales. Entre ellas encontramos cualidades concienciales fundamentales como el *alerta*, la percepción y la atención selectiva. Sin estos mecanismos, que garantizan en gran medida la entrada de la información a labores más complejas, el carácter operacional del pensamiento se vería relativamente comprometido. El procesamiento de funciones intelectuales del tipo de la memoria y el raciocinio dependen de la elaboración objetiva de juicios, los cuales influyen en respuestas conductuales y afectivas. Las conductas motoras y volitivas son el testimonio operativo de tales juicios e ideaciones, en ocasiones dependientes de factores motivacionales que se manifiestan mediante el lenguaje u otras praxias, mientras que en forma premotora existen tareas cognitivas, entre ellas el cálculo mental, la predicción y otros oficios de reconocimiento superior, que son eminentemente corticales.

La generación del intelecto obedece a una óptima conjunción de todas estas funciones en una o varias tareas, cuya meta es la categorización de un pensamiento lógico y ordenado. Esto constituye, en un plano ontológico, los niveles axiológicos que otorgan valores de conciencia filosófica y conforman la naturaleza epistémica más sublime del individuo humano (Ver libro 19, Sublimación del Intelecto en esta *"Summa Neurobiológica"*).

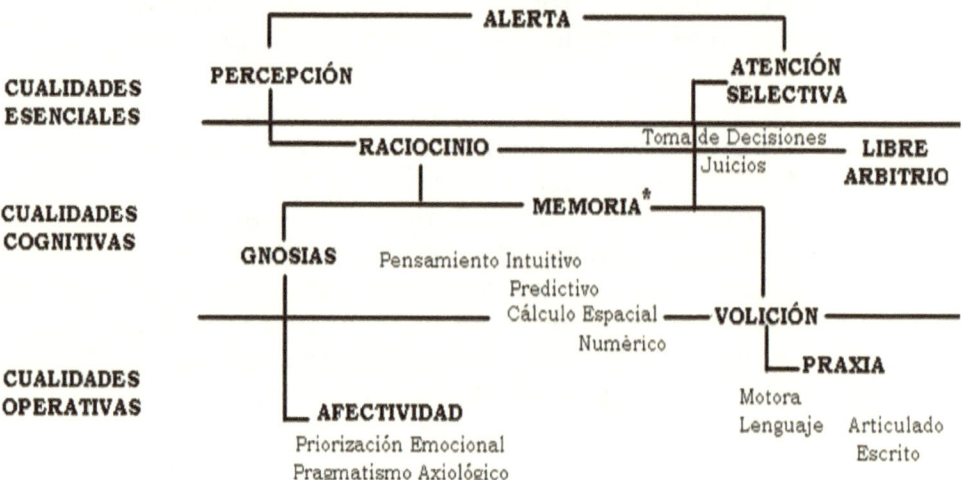

Cuadro 4.1. Las categorías cualitativas de las funciones de alta responsabilidad cortical. * Los Sistemas de memoria son explicados en la sección IV, «*Las Aplicaciones de Alto Orden*» (Fig. 13.2).

La especialización de cada una de las más de 50 áreas que se describen en el módulo 11 para las diferentes acciones corticales, finalmente deben considerarse como unidades de sofisticada instrucción y relevo, que requieren de gran sincronización en milésimas de segundo. En términos de integración, lo anterior garantiza que cada célula tenga su especificidad, química y electrofisiológica, lo que las hace fundamentales como elementos constitutivos de la heterogeneidad de redes neuronales implicadas en funciones complejas, siguiendo órdenes desde rigurosos niveles superiores hasta una muy estratificada organización nerviosa.

15.1 LAS EJECUCIONES DE ALTO ORDEN

Para que la ejecución de estas singulares maniobras, sea considerada como función superior, es necesario que el cerebro permanezca en estado de alerta. Tal condición relativa a la conciencia es fundamental para que existan fenómenos perceptivos, los encargados indiscutibles de conducir la información a unidades de procesamiento que se encuentran ampliamente distribuidas en la superficie cortical.

Cuando un fenómeno del entorno es percibido por el sistema nervioso, obtiene una categorización que debe ser manejada por criterios de alto orden, entre los que figura la atención. Si un objeto, o evento de la naturaleza, llama la atención del individuo, entonces se realizan actividades intelectuales, cuyo oficio final es la ejecución e integración de un proceso sensorio-motor que puede o no ser expresado. Acorde con los fenómenos de atención desde la Corteza PreFrontal (CPF), que han sido mayormente estudiados en la vía visual (retina, tálamo óptico, y AB 17, 18 y 19), los sistemas inmiscuidos en estos sucesos guardan una intrínseca relación con la topografía de la corteza visual, la cual se lleva a cabo de manera estratificada y obedece a células especializadas y a sistemas de distribución columnar que califican la información de acuerdo con la percepción de forma y fondo (figura, color, objetos en movimiento, etc). Los procesos atentivos frecuentemente se incluyen como componente de la fenomenología conciencial; no obstante, debe aclararse que la conciencia es, por mucho, más universal que la atención, ya que se puede estar consciente y desatento ante un suceso ambiental y, en contraste, cuando se carece de conciencia, *seguramente* no hay actividad atentiva. Por lo tanto, la atención es un evento consciente, pero tal estado de conciencia no debe ser confundido como generalidad, aunque ambas son parte del inventario de las funciones resultantes de un notable correlato cortical.

A la luz de los expertos que trabajan en atención selectiva, se podría inferir que, cuando se almacena información en la corteza visual y se procesan estímulos visuales tras un evento atentivo, existen sucesos de compatibilidad conciencial, ya que existen percepción, discriminación, y la capacidad de utilizar esta experiencia en situaciones más complejas como la lectura. Todos ellos son parte de la conciencia, pero no significa la universalidad de la misma. La atención, en síntesis, es una función superior que aparece, con ciertas limitaciones, frente a la riqueza fenomenológica de la conciencia.

Tras un proceso atentivo ligado a la percepción de un evento determinado, surge la necesidad de la utilización del recurso. En tal selección, el cerebro es capaz de discriminar y categorizar los datos que pueden ser utilizados en cursos temporales. Cuanto más corto sea este mecanismo de respuesta, más fácil será para el cerebro distinguir la importancia del dato a procesar. Si seguimos los lineamientos de la integración sensoriomotora, podemos inferir que algunas respuestas no demandan mayor complejidad cortical. Sin embargo, cuando el cerebro requiere de más antecedentes para complementar una información, por ejemplo en la discriminación odorífera, entonces la participación de la corteza entorrinal, y otras AB correspondientes a la región hipocampal y parahipocampal, entrarán en un concurso de acoplamiento y competencia cortical para lograr una ejecución exitosa, y así, almacenar o no aprendizajes dentro de los correspondientes archivos mnésicos.

Aunque la memoria es un sistema que se encuentra distribuido en grandes áreas, se sabe que requiere de gran participación de las cortezas de asociación para obtener procesos elementales, como la recuperación de datos y su idónea clasificación (*Cfr.* Libro 13). Pese a que la memoria es considerada como una función cerebral superior, que incluye la participación de indispensables estructuras subcorticales como el hipocampo y la amígdala, la trascendencia de las subdivisiones citoarquitectónicas superficiales del lóbulo temporal y demás regiones, son primordiales para desempeñar un óptimo procesamiento de la información a transformar.

El pensamiento, o la actividad intelectual que traduce la meditación continua y premotora de una ejecución inteligente previamente planeada, es parte indudable de las funciones cerebrales superiores. La forma de generar este gran complejo viene a partir de estructuras subcorticales que procesan información de carácter sensorio-motriz, y que tienen la probabilidad de ser almacenadas en archivos mnésicos con la capacidad de ser recuperados en el momento en que son requeridas. Las áreas corticales prefrontales AB 9, 10 y 46 son sustancialmente significativas en el análisis de tareas espaciales y psicométricas que involucren compleja actividad intelectual, previamente procesadas por regiones parietales AB 7 y 40 (Duncan *et al*, 2000; Gray *et al*, 2003, Sternberg & Kaufman, 2011). Empero, como ya se ha dicho, se requiere de la conjunción de todos los elementos posibles del sistema nervioso para que exista un procesamiento claro y preciso de la información que procede de diversos centros nerviosos, y que debe ser expresada por otras áreas corticales a través de una variedad de cortezas que abarcan la función semántica, como el área de *Wernicke* (AB 22), mecánica, como el área de *Broca* (AB 44-45), o simplemente ser almacenada en cortezas audiovisuales, sensoriales y motoras que finalmente hacen parte del complejo sistema de la memoria, una función de alto comando inherente al pensamiento premeditado.

No obstante, existe otra forma de pensamiento que requiere menormente de bancos de memoria alojados en la región esplenial, cingulada e hipocampal, de *Brodmann*, y que se asocia con procesos relativos a la imaginación.

Independientemente de que es referido que durante el sueño existe gran actividad cortical con emisión de imágenes, la coyuntura parece centrarse en un tipo de pensamiento activo durante el estado de vigilia, que genera imágenes y otras sensaciones que pueden modificar incluso constantes fisiológicas.

De este paradigma parten dos vertientes fundamentales: una asociada al principio, -aparentemente lógico- de que para imaginar, es necesario estar alerta como parte ineludible de un fenómeno conciencial; mientras que la segunda tesitura obedece a la generación del pensamiento imaginativo o ensoñación, pudiendo darse durante otros estados de conciencia, que difieren de tener los cinco sentidos en continuo acople con el medio externo (Ver Libro 16). En tales asuntos, la neurociencia parece encontrar un escollo en el abordaje de problemas subyacentes a creencias místicas que implican gran actividad prefrontal eléctrica y neuroquímica, siendo menester de un análisis posterior que haría recordar los trabajos de Gall y Spurzheim bajo instancias neurofilosóficas, y que instalaría la maquinaria cortical en la generación de tales experiencias. Se han postulado interesantes soportes neurocientíficos respecto de la generación de la imagen mental, lo que sitúa a este aspecto cognitivo como uno de los grandes problemas a dilucidar durante los próximos años *(Vide infra)*. Los fenómenos de actividad cortical y subcortical, que se relacionan con la generación del pensamiento en diversos estadios concienciales, son analizados con detalle y sustento científico en el Libro 17, que versa sobre la clínica de la conciencia y sus estados amplificados, en la parte V, de este texto, «*Niveles de Conciencia y Cognición*».

Otra interesante función cortical superior involucrada en el curso del pensamiento, en particular de la corteza prefrontal, es sin duda la vinculada con la memoria de trabajo, o memoria a corto plazo, que satisface el ordenamiento de ideas secuenciadas para retener números, elaborar coplas, asociar datos clínicos de pacientes o jugadas previas o planeadas sobre un tablero de ajedrez, u otros entretenimientos intelectuales donde la memoria espacial es importante, incluyendo el ancestral juego oriental de *"gó" (Cfr.* Libro 11). Estudios de neuroimagen durante estas habilidades de reconocido desempeño cognitivo reportan gran actividad de AB 9 en la predicción de combinaciones antes de mover una ficha, además de las zonas temporales AB 20 y 37, y de cortezas de asociación parietal y visual AB 7, 17 a 19, 39 y 40, involucradas en la revisión de jugadas, además de una importante activación de áreas premotoras en el giro precentral (Atherton, 2003).

15.2 EL CONFLICTO COGNICIÓN-EMOCION

Las funciones cognitivas de la corteza del lóbulo frontal están distribuidas por todo el neocortex, y consisten en la activación y consecuente procesamiento dentro de redes neuronales perceptuales, jerárquicamente organizadas, asociadas a la representación mental y la memoria de trabajo.

Razonablemente, la memoria a corto plazo de orden sensorial, provocada por un estímulo conectado a la corteza prefrontal orbital (COF), podrá vincularse con cierto procesamiento emocional de ejecución central (Bechara et al, 2001; Fuster, 2001; Baddeley, 2012).

Existen recientes reportes científicos, en los que la memorización visuo-espacial y de objetos activa por separado diferentes sistemas neurales en la corteza humana, entre los que se encuentra la atención selectiva y, de forma muy especial, su relación con las emociones (Pessoa & Ungerleider, 2004, Rolls, 2013). Otras áreas en la corteza parietal y temporal han sido utilizadas para demostrar respuestas análogas y similares con la memoria de trabajo, expresando en determinados estadios neuronales, una modalidad específica con respecto a la visión (Poremba *et al*, 2004). Esto explica por qué la corteza puede tener implicaciones emocionales y afectivas al procesar iconos a través de la vía visual.

Los sentimientos subjetivos como el afecto, y sus estados fisiológicos relacionados con respuestas emocionales, son característicos del procesamiento superior. El cerebro suele responder a los mencionados estímulos con agrado, desagrado y, por supuesto, con manifestaciones neurovegetativas somáticas y viscerales, por medio de mecanismos nociceptivos y propioceptivos, que involucran a la corteza y a estructuras de circuitería subcortical. En otros términos, las características que comparten las reacciones emocionales son somatizadas a través de modificaciones motoras del sistema nervioso autónomo, especialmente la expresión traducida en el movimiento de los músculos faciales. Estas respuestas acompañan a experiencias subjetivas que, de acuerdo con el individuo, toman ciertos patrones de dificultad al querer ser expresadas, independientemente de las razas y culturas a las que se pertenezca.

La importancia de este interesantísimo aspecto de la condición humana es que, en lo que respecta a la neurobiología, se vincula, en ocasiones, a muy particulares estados de conciencia, que envuelven determinados desórdenes afectivos, entre éstos, algunos devastadores padecimientos psiquiátricos. Aunque existe un cúmulo de emociones variadas, ellas pueden inclinarse hacia la felicidad, tristeza, angustia, rabia, decepción, estados de melancolía y desilusión: sorpresa, miedo, y otros. Por tanto, una emoción puede ser desencadenada por una imagen, una acción, un sonido, o cualquier estímulo sensorial. Pero igual puede ser activada por sensaciones de relativa anticipación que desencadenen ansiedad, como una crisis de pánico, o el simple desvelo por un evento especial al día siguiente; encontrarse con acontecimientos agradables, o ser el blanco de acusaciones injustas, pueden desembocar en sentimientos vinculados fuertemente a las estructuras emocionales subcorticales, que se manifestarán con respuestas de vasodilatación periférica, sudoración, incremento de la frecuencia cardiaca, del pulso, la respiración o la motilidad gástrica; reacciones cutáneas porosas con sensaciones de cambios de temperatura espontánea, piloerección y reacciones sistémicas propias de los músculos lisos.

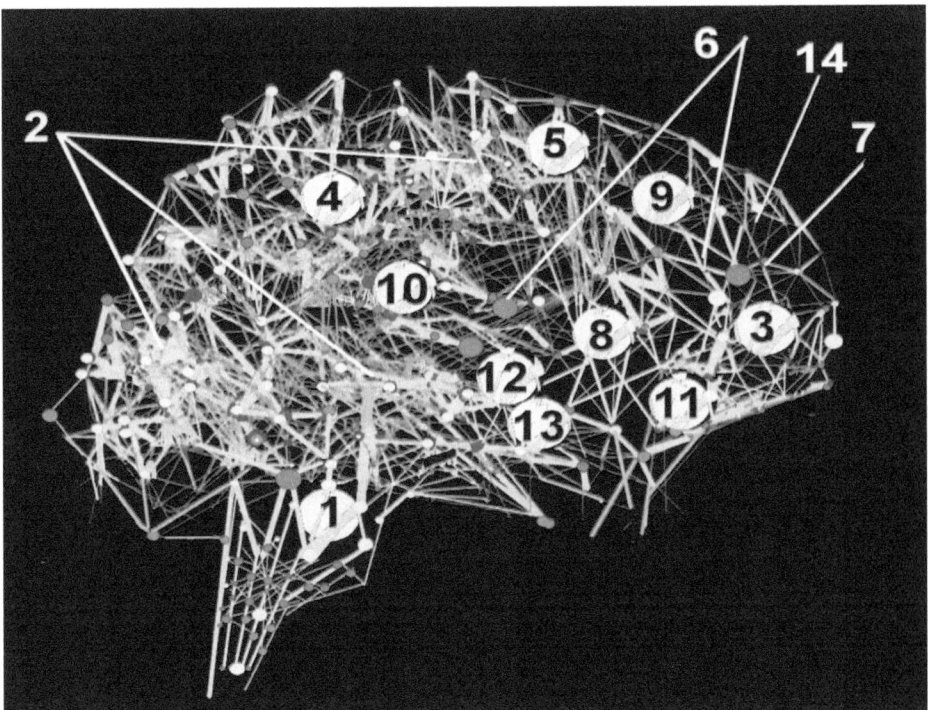

Fig. 4.14. Correlato Dinámico de las Funciones Cerebrales Superiores (Ver Texto). 1. Alerta, 2, Percepción; 3. Inteligencia, 4. Razonamiento visuo-espacial 5. Praxias motora, 6. Volición, 7. Atención, 8. Lenguaje Articulado, 9. Pensamiento predictivo e intuitivo, 10. Gnosias, 11. Libre Arbitrio 12. Memoria, 13. Afecto 14. Calculia. La región parieto-occipital forma parte de la corteza de asociación PTO, que discrimina espacialidad en conjunto con la acción imperante de la CPFDL, asociada a fenómenos atentivos y de memoria de trabajo. La aproximación del sitio estratégico para la volición es, al igual que toda la figura, un paradigma didáctico que refleja la interacción córtico-subcortical con redes que involucran movimiento motor relacionando Tálamo y Ganglios Basales. Cada uno de los núcleos talámicos tienen gran relevancia en la estructuración de tareas de alto comando, con proyecciones hacia zonas premotoras. Las áreas de percepción marcan principalmente la región sensorial S1 y cortezas audiovisuales. Los sistemas de memoria, aunque de vecindad parahipocampal, se ilustran en el lóbulo temporal inferior, así como la función de la amígdala y el hipotálamo que, a través de importantes proyecciones por el tálamo, procesan información emocional hacia corteza. El juicio tiene dos acepciones: una en la toma de decisiones en la corteza órbito-frontal, muy cerca del paleocortex entorrinal, y otra, a nivel de conducta, implicando distintas demarcaciones límbicas. Las tareas predictivas fueron dispuestas mnemotécnicamente en regiones premotoras, junto con las labores de procesamiento gnóstico, que requieren obligatoriamente de relevos talámicos, mientras que las praxias se ejemplifican en áreas motoras y de *Broca*. En el Capítulo 10, y en las secciones IV y V de esta *Summa Neurobiológica*, se describe la importancia estratégica del tálamo, la relación entre las cortezas de asociación y la memoria, así como una visión integral de las funciones de alto comando (Diagrama de conectividad a partir de Hagman et al, 2008).

El conjunto más estratégico de estructuras neurales, nominado por excelencia para coordinar las respuestas emocionales, es el sistema límbico. Pero, con el advenimiento de los sistemas de computación al servicio de la imagenología cerebral, se han asociado otras estructuras anatómicas, evidenciadas experimentalmente, con un importante papel en el procesamiento emocional, que abarcan porciones orbitales y mediales del lóbulo frontal (AB 11 y 47).

Las experiencias emocionales están íntimamente ligadas al sistema motor visceral, y a las acciones neurovegetativas específicas que gobiernan los centros cerebrales, pregranglionares y del tallo cerebral, como son los núcleos presentes en el bulbo raquídeo, protuberancia anular y médula espinal, que son estructuras fundamentales para la integración de la memoria emocional (*Cfr.* Libro 14).

La acción concertada de las diversas regiones corticales y subcorticales, y su correspondiente asociación con las repuestas autónomas y centros motores del sistema nervioso, constituyen el motor del sistema emocional. Estas son relacionadas muy especialmente con el territorio parahipocampal AB 27, 28, 34 y 35, además de todas las áreas que se circunscriben al lóbulo temporal, la porción cingulada y la región periesplenial. En resumen, más de veinte áreas de las descritas originalmente por Brodmann (ver cuadro 4.1 y figura 4.3), y casi la mitad de las regiones topográficamente mapeadas con tecnología más contemporánea (Figs. 4.6 y 4.7).

La activación del sistema motor visceral, particularmente la del sistema nervioso simpático, actualmente se vincula con patrones que pueden depender de estados emocionales específicos. En ocasiones, pueden estar acompañados de expresiones faciales que se apoyan en mensajes cortico-corticales provenientes de las cortezas de asociación, encargadas del procesamiento de alto orden de algunas sensaciones propioceptivas de las cortezas motoras y sensoriales. A veces, suelen estar determinadas por los mismos estados de ánimo con otra forma de procesamiento en la que intervienen los neurotransmisores.

La dinámica neural más compleja de las emociones asocia entonces al sistema límbico, y a las estructuras que lo aferentan, como el hipotálamo, la formación reticular y el tallo cerebral, siendo éstas las principales conformaciones neuroanatómicas que coordinan la expresión del procesamiento superior de la conducta emocional (Ver Libro 2, La Compleja Maquinaria Funcionando). El afecto, y sus mecanismos de integración dentro de las diversas funciones que intervienen determinantemente en la actividad neurobiológica del intelecto, son discutidas enfáticamente en la parte III (*Vide Supra*).

15.3 PRAXIAS Y VOLICIÓN

El juicio, comprendido como la evaluación crítica y objetiva de un concepto previamente procesado, es parte de una tarea de alta distinción cerebral. El hecho de poder definir una idea y aplicarla implica una actividad dual que interesa mayormente áreas frontales, como AB 46 y 9, además de las relacionadas con toma de decisiones de la corteza subfrontal (AB 11 y 47), en las que se pueden discriminar conceptos con una velocidad que se resuelve antes de los 200 milisegundos (Libet, 2002). Es menester de las cortezas de asociación también prestarse a que estas tareas se ejecuten de manera exitosa, y su velocidad depende de la capacidad de concurso que ostenten otras cortezas, como el llamado paleocortex entorrinal, o las localizadas en la región hipocampal, para que exista una rápida recuperación de los archivos mnésicos y se integre el proceso de discriminación intelectual que ayuden a tomar decisiones lógicas.

Estas decisiones estarán, por tanto, íntimamente ligadas a las actividades volitivas, que pueden traducirse en la ejecución motora, como respuesta a un estímulo. En ellas, las aplicaciones del mapeo somato-tópico sensorial es fundamental para procesar la información (Fig. 4.8). Entre las actividades motoras, se cuenta la función del habla, entendida como la «gran praxia», que distingue al primate superior. Todas las funciones motoras de alto orden, en consecuencia, tienen una cualidad operativa, que requiere de la coordinación de grandes áreas corticales (AB 4 y 6), así como del concurso de las cortezas de asociación temporo-parieto-occipitales, cosa que no sucede con la gran praxia, que sólo utiliza, motoramente hablando, a las áreas AB 44 y 45.

Lo que sorprende profundamente en el cuestionamiento del lenguaje articulado, frente a la disposición de las otras funciones cerebrales superiores, es cómo se adecúa el complejo cortical para priorizar la adquisición de los fonemas, la capacidad para emitir sonidos guturales desde recién nacidos, hasta la especialización, que incluye manejar otros idiomas, además del manejo de grafías desconocidas, como el caso que se hace patente entre los *kanjis*, e ideogramas propios de la civilización oriental con respecto de los nuestros. El lenguaje ha sido el elemento más importante de la comunicación entre las especies, y es claro que cada una de ellas tiene una forma específica de realizarlo. La comunicación entre delfines, entre animales salvajes, entre especies de la pradera, y hasta en enjambres de insectos o en aves, ha sido debidamente documentada. El científico Konrad Lorenz, ganador del Premio Nobel en 1973, es uno de los principales baluartes en el acercamiento a la comprensión de la comunicación en diferentes animales (*Cfr.* Libro 15). Además, según órdenes y entrenamiento, se pueden generar canales de comunicación entre seres humanos y otras especies (*v.g.*, los animales domésticos). Por supuesto que esto también obedece a los condicionamientos conductuales.

Las praxias son funciones cognitivas de alto orden. Escribir; poder enviar en milisegundos órdenes a específicas teclas en una simple máquina de escribir, son labores de entrenamiento que necesitan de una sincronización neuronal sofisticada muy específica. Desde el punto de vista motor, este ejemplo es muy rico en didáctica conformacional. Los grados de percepción del individuo dejan de ser una característica eminentemente mental para ser traducida en fenomenología motora.

El hecho de que un jugador de baloncesto pueda medir a distancia la precisión exacta de un lanzamiento requiere, por ejemplo, de varios grados de coordinación, donde entra a disposición el tono muscular, no sólo de los brazos implicados en el envío de la pelota, sino también en su posicionamiento respecto del piso; es decir, el punto de apoyo, la contracción muscular del gastrocnemio y de los muslos, así como prever si debe saltar para cumplir su objetivo, o cómo apoyarse para lograr encestar.

En el otro extremo, tendremos al individuo sensorial con el acople motor de lo que signifique su tarea de lanzamiento. La medición a distancia en la que entrará la categorización de las percepciones visuo-espaciales entre la retina del jugador y el objetivo, en un acoplamiento AB 6-8 y 40 con corteza motora M1 y CPF. Así, el cerebro se encarga de traducir, en fracciones de segundo, la orden sobre la fuerza que debe imprimir y el control interno de su tono muscular, para que la tarea se ejecute con precisión.

Finalmente, hallaremos al individuo que ejerce las ventajas de su cognición intelectual, calculando y discriminado la métrica tridimensional y las cualidades físicas del espacio y el tiempo. La calculia es la *gnosia*, o actividad cognitiva propia del animal cortical.

Una agnosia, por lo tanto, es el termino privativo; en otras palabras, lo que indica que se carece de la función del reconocimiento de una tarea neuronal de alto orden. Parece trivial elucubrarlo de una manera gruesa. No obstante el efecto que se señalará en el lanzamiento del jugador, será recto o parabólico, y calcular la velocidad y la dirección de su lance es, por supuesto una tarea de alto orden, propia de los animales superiores.

En el caso de un carnívoro, los filósofos y naturalistas siempre han tenido que discutir sobre la importancia del instinto en estos casos. El hecho de que un guepardo pueda acechar a su presa, sea gacela, cebra, u otra, requiere igualmente de funciones específicas de alto orden, basadas en la observación, pero también en la memoria empírica y el manejo del tiempo. Dependiendo de su experiencia, el animal aprenderá a redimir esos fallos que ha tenido en la medición previa de sus objetivos. Este ejemplo de cazadores y sobrevivencia, tiene que ver con la volición, más que con el instinto de cacería cuando están aprendiendo a lidiar con las leyes físicas. De esta manera, entra en juego la plasticidad sináptica, la creación de nuevos circuitos y la generación de redes neuronales de conducta expectante, uno de los axiomas fundamentales de la teoría de la epistemología neuronal (Zambrano, 2012).

Ya que es la volición una de las características más estudiadas por eminentes expertos como Fluorens, en su trabajo de 1824, se puede inferir que existe gran participación cortical de áreas específicas en las diversas manifestaciones de la voluntad, la cual está íntimamente relacionada con aspectos del alerta y de la actividad motora, o de su integración sensorial, ya que el hecho que un animal decida moverse, implica objetivamente un acto eminentemente volitivo (Flechsig, 1905).

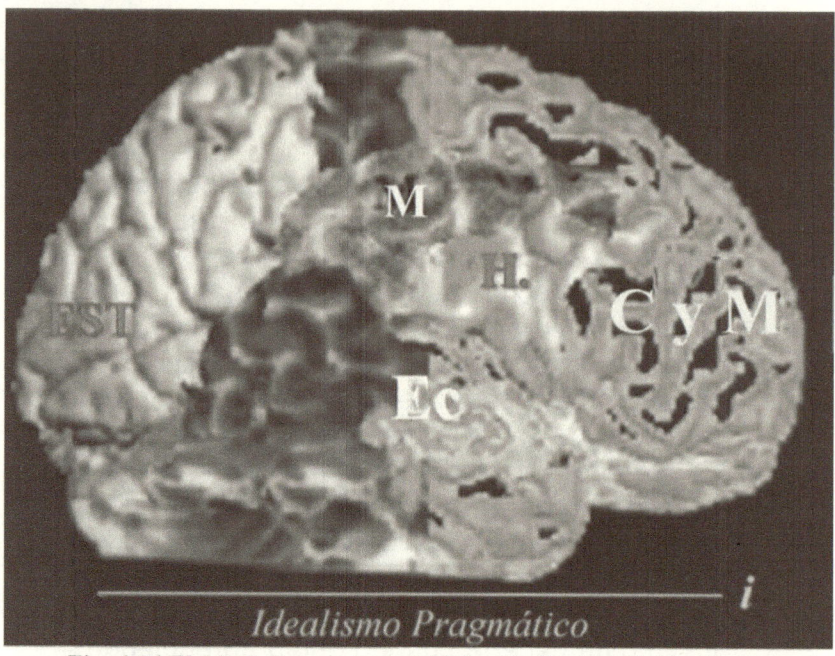

Idealismo Pragmático

Fig. 4.16 El Ideal Correlato Axiológico De La Condición Humana. La constante de los valores y niveles axiológicos para lograr un equilibrio vital pueden ser hoy representados didácticamente. La escala corresponde a los sistemas de retribución mesolímbicos, que son estudiados para comprender los mecanismos de adicción, en el nivel hedónico (H) y económico (Ec) (Glimcher et al, 2009, Lee & Harris, 2013). La pertenencia de la religiosidad y el misticismo (M) es mayormente de corteza cingulada y CPF (Wang et al, 2011, Austin, 2013), mientras que el nivel estético (EST) tendría cierta participación en áreas visuales y de asociación parieto-occipitales (Ishizu & Zeki, 2011; Melcher & Bacci, 2013). Los estratos éticos-científicos y morales (C y M) requieren de cierta conjunción hacia el polo frontal, proveniente de diversas regiones cerebrales (Churchland, 2011, Cushman et al, 2012) que retribuyen un sobre una estructura integral del cerebro epistémico *(i)* relacionado con el idealismo prágmático (Zambrano, 2012), discutidos en la parte V, *Niveles de Conciencia y Cognición*.

En gran parte de la corteza premotora (AB 6-8), y de las áreas del giro precentral que tienen una alta densidad de células gigantes piramidales, se realiza la conjunción primitiva del desarrollo de la voluntad motora. En tanto que la voluntad, entendida como una tarea del intelecto, expresada por aspectos motivacionales, tiende a manifestarse mediante actividades corticales que, en ocasiones, se vinculan con las emociones, los afectos, y a las tomas de decisión, asociadas a los sistemas subcorticales de retribución (Volkow & Baler, 2014).

La constante búsqueda del hombre por satisfacer los axiomas que conducen al nivel vital de equilibrio, son parte esencial del garante racional que conforma la aplicación neurofilosófica de las funciones cerebrales superiores. Es por ello que, dentro de los mecanismos de recompensa de las estructuras subcorticales y mesolímbicas, encontramos el escalón hedónico asociado a la retribución ocasionada por las sensaciones placenteras, que pueden estar acompañadas de un orden vegetativo u otros aspectos, como gratificaciones materialistas remuneradas, reflejadas en aspectos simbólicos. La corteza ha sido implicada en la persistente solicitud de patrones armónicos en la naturaleza y en la cotidianidad del individuo (Aharon *et al*, 2001; Kawabata & Zeki, 2004, Melcher & Bacci, 2013). Igualmente, otros estadios mentales un poco más espirituales, donde ha sido involucrada la función cerebral de alta cognición, determina que los niveles místicos podrían gozar de gran participación de mecanismos de retroalimentación cortical (*Cfr.* Libro 18).

Estos considerandos abarcan, igualmente de una manera más conciencial, una escala de valores que incluye apotegmas moralistas y la demanda innata del hombre por encontrar, al final de sus continuas indagaciones, la respuesta sustentada y científica a sus interrogantes primigenios, que oscilan entre los valores éticos y estéticos como respuesta a sus inquietudes axiológicas, que ahora se estudian dentro del campo de la neuroética, la neuroestética y que están muy relacionados con el cerebro social y la cognición moral (Zambrano, 2012).

Módulo 16

ASIMETRÍA HEMISFÉRICA.

Desde el punto de vista de la cognición y la función cerebral superior, el encéfalo se divide en dos hemisferios, unidos por una comisura, llamada cuerpo calloso. Cada una de estas dos divisiones presenta una especificidad de funciones, que ocasionan una diferencia fisiológica conocida como asimetría, o la ventaja funcional que puede tener un lado cerebral sobre otro en ciertas tareas de sumo acoplamiento cortical.

En términos prácticos, el hemisferio derecho (HD) realiza las tareas de cálculo visuo-espacial, construccional, y de desempeño motor operativo (praxias comunes). La evidencia de tal superioridad ejecutiva en el HD para tareas que requieren de alta habilidad cognitiva es fruto de la tesis doctoral de Jerre Levy, estudiante del Nobel Roger Sperry en el Instituto Tecnológico de California (Levy, 1970). Su trabajo contribuyó a comprender la asimetría del hemisferio izquierdo (HI), como una unidad analítica y secuencial, encargada de las funciones articuladas del lenguaje, procesado en el *planum temporale* del HI (*Cfr.* Libro 15).

De allí surge el concepto de dominancia cerebral, en el que hay funciones que se realizan de manera prioritaria por un solo hemisferio. El habla es propia del HI, o hemisferio dominante. Esto sugiere que quien sea zurdo tendrá un hemisferio dominante derecho. El intercambio de estas funciones obedece al entrecruzamiento de fibras nerviosas que se da en todas las regiones comisurales del cerebro, especialmente en el cuerpo calloso, donde se ha calculado la existencia de 200 millones de fibras (Springer & Deutsch, 1985). Frecuentemente se dice que el hemisferio derecho es débil; en especial, cuando hay accidentes isquémicos que comprometen irrigación importante de áreas motoras y cognitivas contralaterales. Entonces, por fenómenos de plasticidad sináptica (*Cfr.* Libro 6), el individuo puede recuperar funciones, principalmente si hablamos de un cerebro con células jóvenes, que se reorganizan tras un evento embólico, un infarto cerebral secundario a la ruptura de un aneurisma, u otros padecimientos similares.

El problema del procesamiento exitoso a nivel cognitivo, que tiene implicaciones neurofilosóficas de conciencia, se aproxima a una atractiva tesitura que aparece conformada tras la separación de la comisura callosa[11]. A partir del "dual sistema cognitivo", representado por tal división, el carácter funcional es consolidado de forma muy independiente para cada uno de sus quehaceres, donde se cumple una paráfrasis clásica de la literatura tradicional occidental: *«Que tu hemisferio derecho nunca sepa lo que hace su homónimo izquierdo»*.

Todos los experimentos de cognición en cerebro postcomisurizado han sido diseñados con estrategias neuropsicológicas, en la que la imagen, la expresión y el lenguaje articulado, son fundamentales para su diagnóstico. El registro eléctrico de la actividad celular cortical de los hemisferios cerebrales suele ser un procedimiento de investigación frecuente para valorar ejecuciones hemisféricas, al igual que el uso de técnicas de Neuroimagen, que ayudan a evaluar la función cortical de ciertas labores cognitivas. Además de la asimetría funcional, existen asimetrías anatómicas, y es probable que el hemisferio dominante resulte más grande que su compañero transcalloso, de la misma manera que se sabe que existen diferencias de tamaño entre los HI de mujeres y los HD masculinos (*Cfr.* Cap. 16).

---

[11] La resección quirúrgica del cuerpo calloso resulta ser un paradigma que en inglés es conocido como *Split-Brain,* cerebro seccionado. El modelo identifica un objetivo de investigación, que ha servido para dilucidar las funciones de cada hemisferio por separado.

El procesamiento motor bihemisférico normal, es marcadamente asimétrico. La dominancia puede darse cuando hacemos dos movimientos circulares simultáneos, en sentido diferente, utilizando miembros superiores e inferiores, alternados en forma contralateral. Ahora, si su HI es el dominante, trate de realizar, por 30 segundos, golpes rítmicos con su mano derecha sobre la pierna del mismo lado; mientras que realiza, con la mano izquierda, movimientos circulares sobre una superficie cercana. Luego invierta los comandos: mano izquierda golpea rítmicamente y con distancia mayor de 10 cm pierna izquierda, y hemicuerpo derecho realiza movimientos circulares. Este ejercicio simple, ejecutado con cierta periodicidad, al perfeccionarse, puede ayudar a la recuperación de pacientes con hemiplejía. Cuando logre una rutina de la anterior maniobra de coordinación, trate de escribir imaginariamente un seis con un pie izquierdo (muévalo), y el nueve con la mano derecha, en forma estrictamente simultánea. Notará la diferencia funcional de la dominancia hemisférica en sus prioridades motoras.

Las asimetrías en un cerebro normal son observadas también en la codificación sensorial, especialmente en el conjunto audio-visual, y es probable que los modelos atencionales, y de alta cognición, sean también de la parcelación dicotómica que rige a la asimetría cerebral. En otros términos, en los movimientos visuales motores que fijan la atención en un objeto hay actividad hemisférica ipsilateral. Así, el ojo derecho pondrá mayor atención con actividad del hemisferio derecho, exclusivamente en regiones frontales; para el caso de los movimientos oculares izquierdos, la actividad de la corteza prefrontal será con su hemisferio correspondiente. Esto ilustra que, en casos de dominancia cerebral, un zurdo (HD dominante) por lo general desarrollará mejor visión con el ojo izquierdo, y lo opuesto sucede con un HI dominante, donde los diestros suelen situar mejor los objetos con su ojo derecho; esto es, lo utilizan más para enfocar a alta velocidad, leer, observar y procesar información.

Sin embargo, desde el punto de vista cognitivo se reconocen importantes funciones para el HD, el hemisferio no dominante en diestros. Entre ellas destacan asombrosas tareas que tiene que ver con la imaginación y la espacialidad. El HD es ventajosísimo, cognitivamente hablando. Puede ajustar diseños y planos en extensas matrices, reconocer la diferencia entre un círculo o un arco, reconocer las figuras arquitectónicas de una catedral famosa, o los sitios geográficos que son de su interés; distinguir caras, realizar transformaciones espaciales mentales, categorizar figuras y tamaños; pero, esencialmente, ser muy intuitivo. La diferencia radical de los hemisferios es que uno es más motor y operativo (el HI, dominante para diestros), mientras que el HD predispone los oficios de la intuición, la imaginación y la espacialidad premotora. Aplicando esta descripción, llegamos al conocimiento de que los zurdos realizan las praxias con el hemisferio derecho y piensan con el izquierdo. En este aspecto de la creatividad, los hemisferios juegan un papel importante, y se ha evidenciado y mapeado, por ejemplo, la función hemisférica relevante que existe en algunas profesiones, como en el cerebro del músico, en donde el *planum temporale* del hemisferio dominante (donde se encuentra la corteza auditiva primaria), el lóbulo temporal superior y las AB 9 y AB 40, son activadas constantemente (Sergent, 1993; Koelsch *et al*, 2004, Fauvel et al, 2014).

De esta manera, los hemisferios cerebrales y la actividad cortical consecuente son fortalecidos en ciertos oficios. Así pues, puede existir un cerebro visual para los pintores, arquitectos o diseñadores, que tiene activación intensa en áreas de procesamiento visuo-espacial, y puede existir un cerebro gramatical para quienes realizan labores de reconocimiento de iconos con mayor frecuencia, el cual tiene una gran relación con procesamiento en estructuras subcorticales, que constan de relevos talámicos y se asocian a ganglios basales (*Cfr.* Box 9.1). Un individuo que está acostumbrado a realizar cálculos aritméticos, procesar constante información de abstracciones mentales, y escribir extensas ecuaciones, desarrollando e infiriendo actividad secuencial, difícilmente mostrará interés por archivar datos históricos, o aquellos que su actividad cortical considere innecesarios, ya que su procesamiento intelectual es más lógico que memorioso. Este es un principio que, además, rige el fortalecimiento sináptico de la región hipocampal cortical (AB 26-30 y 34-36), y en los sistemas de memoria subcorticales, que a nivel celular generan el mecanismo conocido como potenciación a largo plazo (*Cfr.* Parte III, Las Aplicaciones de Alto Orden).

16.1 ALTERACIONES EN EL PROCESAMIENTO HEMISFÉRICO

Existen condiciones patológicas, inducidas por procedimientos traumáticos, que determinan alteraciones peculiares en el funcionamiento cerebral. Una de ellas, por indicación quirúrgica en tumores que ocupan gran parte del parénquima, se conoce como la hemisferectomía. En estos casos, el individuo trabaja con la mitad de un cerebro, y su actividad electrocortical y cognitiva es similar a la existente en la entidad asimétrica distinguida como lateralización, que consiste principalmente en que las funciones manipulo-espaciales, de lenguaje motor, y cognitivo-imaginativas, son realizadas por un solo hemisferio cerebral.

Otras alteraciones no traumáticas de procesamiento hemisférico se clasifican de acuerdo con la función. Por ejemplo, en el libro 15, «*Hablando se entiende la gente*»; se describen las afasias, y apraxias relacionadas con el lenguaje escrito, como las alexias, con o sin agrafia, las dislexias que pueden generarse por fallas en la dominancia cerebral. En términos concienciales, la asimetría cerebral ha sido correlacionada con enfermedades mentales, e incluso se reporta una relativa especificidad en esquizofrenia y otras psicosis para tener afinidad por alguno o ambos hemisferios cerebrales (Andreasen, 1988; Schultz *et al*, 2002, Smiley et al, 2013). Es probable que la dominancia cerebral esté implicada fuertemente en sintomatología conciencial, ya que el hemisferio dominante, en este caso HI, procesa información nociceptiva (Schlereth *et al*, 2003), lo que indica que el dolor, y otras sensaciones subjetivas de carácter emocional y conciencial, podrían depender de un procesamiento cortical ligado a la dominancia hemisférica de HI, principalmente asociado a la llamada Corteza interoceptiva, o corteza insular (Craig, 2010).

Existen varias formas de agnosias en la vía visual; esto es, alteraciones en el procesamiento de la información que viaja desde los fotorreceptores retinales hasta su destino, en áreas corticales occipitales. Las agnosias de forma, en la que no se reconocen objetos, dibujos y figuras, con daño mayor en V2 y áreas inferotemporales AB 20-21 (en HD para los objetos, y en HI para dibujos), y la llamada prosopagnosia, o incapacidad para reconocer caras, que implica un daño bilateral en ambos hemisferios, en las áreas inferotemporales relacionadas con la memoria y el procesamiento emocional. Estos individuos no pueden diferenciar las caras entre especies animales, pero distinguen particularidades faciales, lo que indica que discriminan otros objetos pero no caras; en pocas palabras, literalmente, ni siquiera reconocerán su cara en el espejo (Springer & Deutsch, 1985; Susilo & Duchaine, 2013).

Las agnosias de color son principalmente dos. Una, la incapacidad que se tiene para darle color a un objeto entraña alteraciones en las bandas delgadas e interbandas de V2, cuya finalidad es procesar la información en V4; y dos, la acromatopsia (*οπσοσ*, visión; *χρομοσ*, color*)*, referida como la absoluta discapacidad del paciente a distinguir colores, cuyo daño es fundamentalmente en V2, pero se reporta el caso en el que el paciente discriminaba parcialmente la longitud de onda (Zeki, 1990); aunque ha sido reportado que en tan peculiar trastorno, el daño cortical que le puede condicionar, se encuentra en el giro fusiforme (AB 37). Por otro lado, se describe la anomia cromática, en la que existe un tipo de afasia nominal, lo que significa que no se puede nombrar colores específicamente, y cuyo daño correspondería a las áreas de *Broca* o de *Wernicke*, a V2, y área de integración visual inferotemporal AB 37(Zeki, 1993).

Un asombroso fenómeno es el que se presenta en la llamada «desintegración caleidoscópica» (Vaina *et al*, 2002), que consiste en una suerte de degeneración de formas y colores que pueden estar asociadas a daño importante en V2, como escala de procesamiento a V4, a través de los *interblobs* y las bandas delgadas que reciben información del sistema parvocelular. El mismo grupo de investigación refiere un daño en las formas dinámicas que podrían tener alteración en V3, estos pacientes distorsionan las figuras y los objetos de manera espacial, y describen que les sucede algo similar durante el movimiento de los mismos (Vaina *et al*, 2003).

En tanto, la incapacidad discriminativa que se tiene para ubicar, calificar y cuantificar los objetos en movimiento, forma parte de la interesantísima kinetagnosia visual. (*Κινετησσ*:

movimiento). En ella, el individuo no puede establecer diferencia entre los objetos estáticos y dinámicos. Se reporta una especie de alteración secuencial en la captación de los movimientos, como si una película se viese en fragmentos (una imagen dinámica de video requiere de 24 cuadros por segundo, que es como alguien ve normalmente). Los pacientes con esta alteración se quedan con imágenes intactas (por ejemplo, en el cuadro 8), y vuelven a recuperar el transcurso de su observación al final de la secuencia, o aún mucho después (Zihl *et al*, 1991). En términos prácticos, las personas que los rodean se mueven a saltos, sin que ellos puedan comprender por qué aparecen de un lado a otro; pueden ser arrollados fácilmente al pasar las calles, pues no calculan la velocidad de los autos, y tampoco pueden servir bebidas, porque no saben en qué momento se llena el recipiente. Esta fascinante disfunción depende de la información que se procesa en la conjunción temporo-occipital de ambos hemisferios y de sus capas corticales, en general, principalmente V5 MT y V4; por la llamada vía magnocelular de banda ancha, encargada de discriminar las imágenes en profundidad y distancia, además de las percepciones del movimiento y la forma del hemisferio dominante (Zihl *et al*, 1991; Schenck *et al*, 2000). Las agnosias visuales, son constantemente revisadas y presentan casos memorables, para ayudar a comprender la disfunción (Hesse et al, 2012).

16.1.1 NEGLIGENCIA CORTICAL

De vuelta con los zurdos, éstos tienen problemas para desarrollarse en una sociedad de diestros. Empero, la ergonomía actual diseña con mayor frecuencia cuadernos, teclados, relojes, para que su producción escolar o laboral sea adecuada. Ello, definitivamente, hace pensar que si hubiera más zurdos, no sólo se hablaría de cerebro dividido, sino de dos estilos de vida y, desde el punto de vista productivo, de dos sociedades distintas, en las que creatividad y cognición marcarían la diferencia, frente a las habilidades motoras.

Los trastornos dependientes del procesamiento en el lóbulo parietal se vinculan con alteraciones de la percepción espacial, o en la atención dirigida asociada a la memoria. Es allí, en el hemisferio no dominante, donde existe la disfunción llamada disquiria, o síndrome de negligencia cortical unilateral, que puede considerarse dentro del grupo de entidades patológicas que J. Gertsman denominó "Somatoparafrenias" ($\Sigma o\mu\alpha\tau o\sigma$, cuerpo; *para*, similar; $\phi\rho\varepsilon\nu\iota\alpha$, pensamiento), por tener un pensamiento análogo recurrente en descripciones metamórficas de una parte del cuerpo. Estos pacientes tienen un déficit marcado de integración visuomotora de orden espacial y cognitivo, con afección de modalidades sensoriales y sistemas coordinados de entrecruzamiento hemisférico. No reconocen la mitad vertical de su cuerpo, olvidando tareas elementales cotidianas que se relacionan con el cuidado de su imagen corporal y las tareas perceptivo-espaciales que se relacionan ipsilateralmente.

En la mayoría de los casos, puede advertirse que tienen un hemicuerpo totalmente descuidado y mal aliñado, lo que sugiere que las alteraciones que determinan este cuadro clínico estén distribuidas de forma extensa, aunque es probable que haya alteraciones en áreas de procesamiento visuoespacial occipito-temporales, y asociadas con cognición espacial en áreas frontales (Halligan *et al*, 2003, Pisella et al, 2011).

Si se les pide que dibujen o copien figuras, e incluso su propio espacio personal, sólo lo harán del lado derecho, que en la mayoría de los casos es el hemisferio no dominante (Keenan *et al*, 2003). Únicamente ven las manecillas del reloj del lado derecho (el lado del que tienen plena conciencia). Un estudio clásico con pacientes que solamente podían dibujar cierta parte de un edificio o de un sitio, sugiere que la negligencia cortical depende de memorias espaciales que son grabadas exclusivamente por el hemisferio no dominante (el perfil referencial del ojo derecho). Por eso, si a los sujetos en estudio se les pedía que mirasen con el ojo izquierdo el edificio en cuestión (la plaza de Milán), eran incapaces de ilustrarlo correctamente, porque no tenían la referencia ocular y sólo dibujaban la referencia espacial archivada en la memoria (Bisiach & Luzatti, 1978). Estos dibujos concuerdan con sistemas de atención y memoria. Cuando la atención es ipsilateral, con el hemisferio no dominante alterado, el ojo correspondiente, en este caso el derecho, observa el lado derecho y todo puede ser recordado correctamente. En contraste, si es afectado el HI (hemisferio dominante), entonces no habrá referencia para el ojo izquierdo, puesto que la corteza de HI no ha desarrollado atención dirigida y, por lo tanto, no hay archivo mnésico, ni procesamiento visuoespacial. Recientemente, los grupos de investigación interesados en el tema se han preocupado por la orientación al problema de atención selectiva que hay en este padecimiento, y la han vinculado con sistemas de memoria espacial y de trabajo (Heinke & Humpreys, 2003, Milner & McIntosh, 2005).

La negligencia unilateral, descrita por G. Anton como "conocimiento distorsionado" (*"Dunkle Kenntnis"*)[12], a finales del siglo XIX, y reconocida como disquiria por Jones, en 1910, y por Zingerle poco después, se presenta como un modelo clínico sugestivo para entender algunos fenómenos concienciales como la transposición, reduplicación y yuxtaposición de imágenes que se generan al no reconocer imágenes ipsilaterales a nivel somático y extrasomático (*Cfr*. Libro 17).

Otro déficit relacionado con áreas parietales, primordialmente inferiores, es el conocido Síndrome de *Gertsmann*, en el que el déficit se ve relacionado mayormente con una confusión bihemisférica y una discalculia notable (Gertsmann, 1940).

---

[12] Anton G (1899), Ueber die selbstwahrnechmung der herderkrankungen des gehirn durch den kranken bei rindenblindheit und rindentaubheit. *Arch. Psychiatr. Nervenkrank*. 32:86-127.

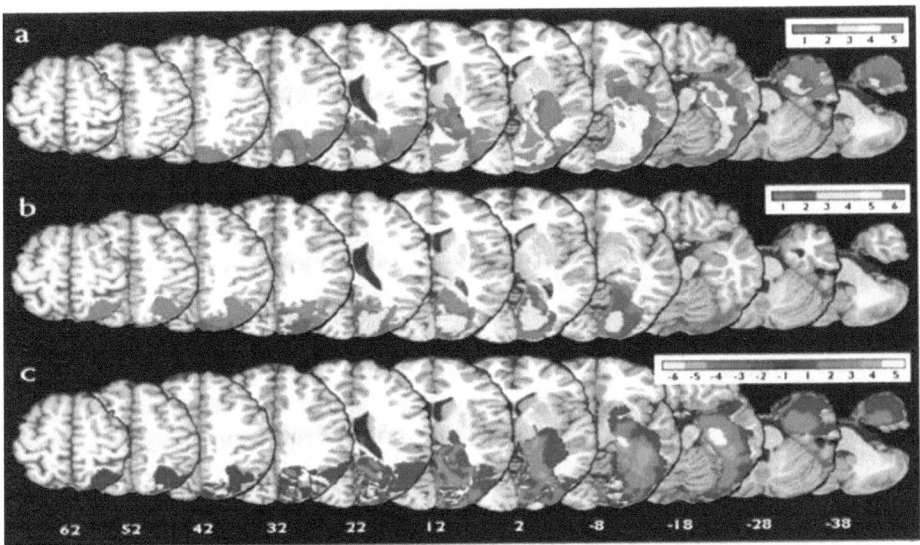

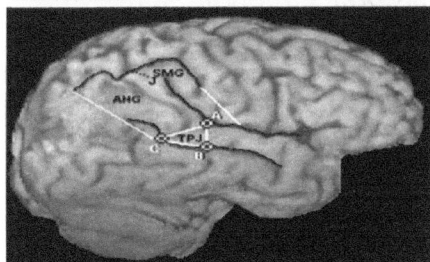

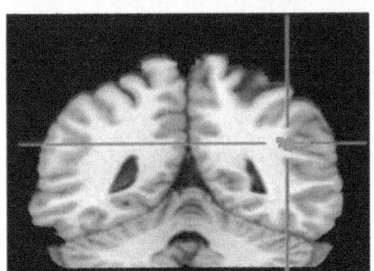

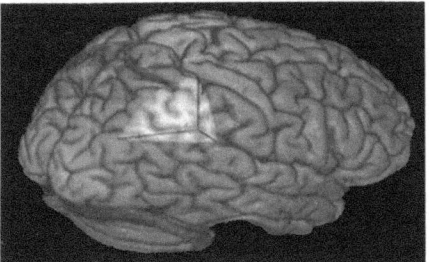

Fig. 4.17. Disquiria en pacientes con daño en la arteria cerebral posterior, tras un evento isquémico-hipóxico o traumático. Arriba, en A, pacientes con heminegligencia cortical. En B, pacientes control sin el padecimiento y en C, una substracción de los dos. La barra de color, identifica el número de pacientes en A y B. La numeración inferior, traduce la coordenada estereotáxica "Z" que varía en el estudio a la altura de la arteria cerebral posterior derecha (Mort, *et al*, 2003). A la izquierda en fila vertical, los límites de áreas en estudio que producen heminegligencia cortical. PTJ (unión parieto-temporal ANG, Giro angular y GSM giro supramarginal. En el medio, las coordenadas de la subregión [46, -44, 29]en un corte coronal identificando la sustancia blanca y la parte anteroventral del giro angular en el lóbulo parietal inferior derecho. Abajo, reconstrucción tridimensional de la anatomía implicada en la disquiria (Mort *et al*, 2003).

La confusión bihemisférica en el trastorno de Gertsmann, se entiende mejor cuando el lado derecho o izquierdo, tienen un mismo valor. Es decir, los pacientes no pueden contar con los dedos, tienen disgrafía bilateral o dificultad para escribir después de haber aprendido[13], exhibiendo alteraciones en el procesamiento de AB 39-40 y del área motora AB 4 en ambos hemisferios y, finalmente, discalculia, o incapacidad para concretar caracteres y cálculos matemáticos fundamentales (Gertsmann, 1940). La importancia del procesamiento numérico a nivel cortical y los padecimientos hemisféricos que se asocian a la calculia, como función cerebral superior, son discutidos con detalle en el Libro 10.

En área parietal posterior, muy cerca de AB 37 y 19 del hemisferio no dominante, se presenta el trastorno neurológico visuo-espacial de *Balint*. Estos individuos carecen de la habilidad para realizar movimientos voluntarios y situar un punto en el espacio; son incapaces de seguir un objeto y, por último, no tienen concentración para atender a un estímulo visual.

La imposibilidad de reconocer los ejes verticales y horizontales, así como la

---

[13] En el más purista de los casos, el clásico síndrome publicado en su artículo original, hace más de 60 años, describe que hay agrafia bihemisférica. Este término privativo indica que, según el autor, el paciente es radicalmente incapaz de escribir; mientras que, en la disgrafía, la dificultad es relativa. Obviamente, es muy difícil encontrar todos los signos, por lo que el criterio diagnóstico se justifica en pacientes que, tras un daño neuronal cualquiera, tienen dificultad para realizar cálculo numérico y presentan agnosias de reconocimiento (Gertsmann, 1940).

discriminación en la orientación, una pobre estimación de longitud, distancia y posición de los ángulos; no poder reconocer puntos cardinales en un diagrama, o la incapacidad de reubicar la misma posición para un objeto (*Position Matching*), fueron estudiadas en varios pacientes con resonancia magnética, llegándose a la conclusión de que este tipo de agnosia espacial estaba relacionado con lesiones parietales, más especialmente del *sulcus* intraparietal, y en su interacciones con el área motora suplementaria y la (CDLPF) corteza dorsolateral prefrontal derecha (Pollmann & Von Cramon, 2000). Ello explicaría, de alguna manera, la importancia que tiene el procesamiento conjunto de las áreas implicadas en las praxias construccionales, y por qué alguien no puede armar un rompecabezas.

16.1.2 SINESTESIA

Entre los padecimientos que llaman la atención, desde el punto de vista de la alta cognición cerebral, también se encuentra la entidad conocida como *«sinestesia»* (conjunción sensorial), descrita como una alteración de orden cortical en la que hay distorsión en las vías sensitivas y el individuo refiere oír colores, ver sonidos, etc., lo que sugiere una interesante perspectiva para el análisis de la fenomenología subjetiva.

Por su carácter clínico conciencial, es abordado nuevamente en el Libro 19, junto con otra patología asociada a las sensaciones que quedan en una persona cuando le es amputada una extremidad (miembro fantasma).

El sustrato de la sinestesia, eminentemente cortical, se entiende actualmente - desde una óptica psicofísica- como un entrecruzamiento de fibras en las cortezas visuales encargadas de discriminar los contornos de las figuras, y se presenta con mayor frecuencia en individuos con alto índice de creatividad, o con gran inclinación al arte y a la música (Ramachandran, 2001). Gracias a este carácter, en el que las tareas no son de orden motor sino más bien cognitivo, esta curiosa tergiversación sensorial podría tener localizaciones hemisféricas.

Módulo 17

¿CÓMO SE GENERA LA REPRESENTACIÓN MENTAL DE UNA IMAGEN?

El simple hecho de intentar descifrar los enigmas que representa tal interrogante es simplemente cautivador. El problema de las representaciones mentales, es una tarea difícil de resolver para los filósofos de la mente (Churchland, 2007), y por lo menos desde el punto de vista neurobiológico, las técnicas de neuroimagen tratan de dar respuesta a este intrincado tema. Para aproximarnos a este interesante y vanguardista desafío de las neurociencias, los científicos han utilizado los recursos que les brinda la tecnología y, sin embargo, las demandas pueden ser muchas, incluso dentro de la neurobiología comparativa.

- ¿Tienen los insectos representación neural de una imagen?

- ¿Qué procedimientos sigue el pensamiento para obtener esta secuencia en el orden de los microsegundos?

- ¿Cuál es la complejidad dinámica y la especificidad de su localización cerebral?

En el Libro siguiente de esta *Summa Neurobiológica*, «Ontogenia de los Sentidos», se enuncia el carácter fisiológico del aparato principal ocular de algunos invertebrados, llamado *omatidio*. Su estructura geométrica y divisional prácticamente es un enigma a develar continuamente en la investigación científica. Si se presupone que en algunos vertebrados y primates el procesamiento de la imagen es de alta especialidad cortical, el interrogante del procesamiento de la imagen en invertebrados está más que justificado.

La comprensión del manejo espacial del icono, en esta franja del reino animal, seguramente podrá ser desenmascarada bajo los conceptos de células nerviosas que son sensibles a la luz. No es que necesariamente distingan imágenes, sino que estos fotorreceptores perciben los cambios de luz, o sus sensores espaciales encargados de la discriminación de fenómenos en el entorno, vibrátiles o de otra magnitud, discriminan longitudes de onda y, por ello, pueden moverse ante la cercanía de objetos extraños a su territorio. Descubrir si tienen o no la posibilidad de estructurar por planos un icono complejo es parte de los retos de la neurociencia actual.

En vertebrados superiores, la hipótesis cambia (seguramente porque no gozamos de los accesorios sensoriales de los insectos, o antenitas, que les llaman).

La probabilidad de comprensión para representar una imagen en la mente será dilucidada por el mismo lector en los próximos segundos. Es simple la evocación de determinado icono, cuando en forma abstracta se cita un personaje histórico, una estrella de cine, o un paisaje natural o citadino. Aún más específico y a mayor velocidad viaja el pensamiento si el objetivo se centra en sustantivos familiares.

Las palabras "abuelito", "mamá", o que designen a algún familiar o ser querido (hasta el vocablo *"pá"*), pueden venir a la mente mucho más rápido que las palabras "pastel", "memorable", "incidente de trabajo", o "determinada reunión". Pero si el ejemplo es dictado o leído con nombre propio, la situación de evocar es menos confusa y aún más veloz, mediado por neuronas más especializadas. Evocar un dibujo animado puede ser sinónimo de un viaje a la infancia a gran velocidad, al margen de que sea en color o blanco y negro; una película de Charlie Chaplin puede costarnos más trabajo que rememorar la efigie del actor, solamente por la dificultad de ubicación al procesar la información secuencial de la palabra "película"; en tanto que, si el objetivo es ubicar en la memoria al Pato Donald, un logotipo de una gran empresa, o una bebida comercial refrescante de color oscuro, usted ya tiene la respuesta.

¡Eso es la representación de una imagen mental! Y este recorrido icónico, sin ningún nexo entre ellas mismas, lo acaba de hacer usted, mientras realizaba la lectura, con el apoyo de algún sustrato en la memoria.

Aquí hay varias vertientes de procesamiento que son preocupaciones de la neuroepistemología, cuando el cerebro integra la subjetividad de una idea, en representaciones mentales.

1. Usted se pudo imaginar la bebida, el color, o el envase, porque tiene una referencia experiencial.

2. Usted pudo asociar el logotipo que dice el nombre del refresco, si se le hubiera mencionado una referencia vaga del color de fondo del emblema comercial.

3. Usted no necesitó integrar una referencia de color.

4. Usted no sabe quién es Santa Claus, (no hay decontextualización hipocampal, ni registro límbico de una imagen) pero cree que a veces asocia una imagen junto al refresco.

Así que ahora tiene, hasta otros inputs de información (que pueden incluir sonidos) y que el cerebro se encarga de procesar en milisegundos para que genere, expresamente, una imagen mental.

Ahora, ¿ya puede representar su idea de un individuo con antenas? ¿Cómo lo hizo...?

Durante mucho tiempo se trabajó sobre el precepto de que la percepción visual estaba en las mismas áreas corticales que se encargaban de la representación mental de una imagen. Con todo, los resultados de este siglo XXI se acercan mucho más a la probabilidad de que este tipo de representación no sólo se realice en el hemisferio izquierdo, sino, con algún grado de certeza, en su parte posterior.

Para ello, es preciso considerar que existen tipos de información neuronal con la que nacemos, ya que, de alguna manera, éstos se transmite genéticamente y, durante el desarrollo, conforman estructuras cerebrales complejas de orden gramatical, cerebros visuales, y aun cerebros con preponderancia en el procesamiento de datos auditivos (ver Modulo 14). Ubicar un texto y buscarlo (un dato en un libro; en especial con el tipo de letra, color y diseño deseado a la altura de la página imaginada), es un ejemplo de funcionamiento predictivo de un cerebro de orden visuo-gramatical, cuyo procesamiento acontece en lugares específicos de los ganglios basales (Squire *et al*, 1993; Ullman *et al*, 1997, Hinaut et al, 2013).

La imagen es un pensamiento no verbal, debidamente procesado y archivado en los diferentes tipos de memoria entrenada por el cerebro activo. Por su carácter subjetivo, se estudia como un fenómeno dentro del campo de la psicología cognitiva, enfocando sus esfuerzos a la diferenciación de los orígenes de la percepción como mecanismo de memoria. Este texto se centra en los aspectos que ligan a la percepción como evento neuropsicológico con los archivos de memoria.

Durante las últimas tres décadas del pasado siglo XX, y con la obra de Allan Paivio, que en 1971 describía de manera temeraria la implicación de los procesos verbales en la imagen, muchos grupos de estudio concentraron sus esfuerzos en descifrar exactamente la problemática de la concepción de la imagen mental y el procesamiento intrínseco cerebral. En su libro, *"Imagery and Verbal Process"*, plantea la distinción entre representación mental de la imagen y pensamiento verbal, y caracteriza esa imagen en términos de procesamiento objetivo de la información mental. Junto con Burrhus F. Skinner, Stephen M. Kosslyn, actualmente en el departamento de Psicología de la Universidad de Harvard, en Cambridge, Massachussets, y R.A. Finke, fueron auténticos pioneros en teorizar este concepto. El hecho de asociar la imagen y considerarla "objetiva" o no, desencadenó, a finales de la pasada década del cerebro, "el debate de la representación mental de la imagen" (Moulton & Kosslyn, 2009).

Este litigio parte del polémico principio de que la imagen es, o no, parte de una percepción visual apoyada en mecanismos de la memoria; o si se debe más a representaciones abstractas post-perceptuales. Una pregunta complicada, si alcanzamos a comprender que la imaginación es un problema neurofilosófico tremendamente controversial. ¿Es esta imaginación realmente abstracta? O, lo que es lo mismo: para imaginar ¿se debe tener siempre, o cuando menos, un bastidor de memoria?

Durante muchos años se pensó que el hemisferio derecho era el responsable del procesamiento mental de la imagen (Ehrlichmann y Barret, 1983). Los experimentos de fechas anteriores habían sido orientados a la búsqueda de la respuesta, por lo menos en el campo de la descripción del objeto desde un punto de vista mental, tras un estímulo visual, e indagando sobre el funcionamiento del cerebro en este complejo procedimiento.

Martha Farah, del centro de neurociencias cognitivas en la Universidad de Pensilvania, antes de dedicarse a neuroética y neurociencias sociales, planteó con gran certidumbre que, para evocar una imagen, se requiere de representaciones visuo-espaciales archivadas en alguna estructura del sistema visual, y con sus tesis compromete los estudios de J.R Anderson, quien argumenta y distingue teorías no visuales con base en datos conductuales de los paradigmas con fundamento visuo-espacial (Farah, 1984; 1989).

La metodología científica utilizada, a partir de estos planteamientos de gran sustrato neurobiológico, incluyen objetos de estudio con lesión determinante para el área de procesamiento visuo-espacial, evidencias electrofisiológicas como PER (Potenciales Evocados Relativos), e imágenes neurorradiológicas funcionales, con estrategias experimentales definitivas que enfocan la probabilidad de obtener una respuesta contundente sobre el verdadero origen y la consecuente localización cerebral de la vía que rige la representación mental de la imagen (Farah, 1989), incluso en modelos de estudio de secciones cerebrales interhemisféricas, donde se realizaron aproximaciones computacionales en modelos de *split brain* (Kosslyn et al, 1985).

Los clásicos estudios de Leslie G. Ungerleider y Mortimer Mishkin sobre dos diferentes sistemas de percepción en la corteza visual (*vide supra* sección 14.1.2), son básicos para elucidar un abordaje pragmático en ésta problemática (Mishkin *et al*, 1983). En estos estudios, se reportó un caso con daño parieto-occipital bilateral y desorientación visual concomitante, que no localizaba el estímulo en el espacio visual, pero describía el objeto. Un segundo caso fue descrito con franca agnosia visual y lesión del lóbulo temporal inferior, el cual localizaba muy bien el estímulo visual y describía por memoria lo que percibía.

Este segundo paciente fue estudiado a fondo por el grupo de neuropsicólogos de la Universidad de Pensilvania, utilizando métodos científicos de Stephen M. Kosslyn, donde se realizaban análisis de imágenes en movimiento y con variación de tamaño del objeto de estudio. En ellos, las variantes trigonométricas entre la distancia y el tamaño del objeto implicaban variaciones con el ángulo visual, llegando a la conclusión de que los daños en la vía visual, asociados al sistema ventral temporo-occipital, alteraban funciones cognitivas pero no tenían problema con el área visuo-espacial de la representación de la imagen, respetando el área dorsal parieto-occipital de la vía visual. De esta manera, las ramas ventrales y dorsales de V1 constituyen la base de la compresión de los mecanismos neurales implicados en la generación del pensamiento intelectual, con respecto a la representación mental de la imagen (Farah, 1989). Tal hallazgo colocó al debate de la imagen en una coyuntura más aguda: la percepción del objeto puede ser de tipo visuo-espacial.

Con el advenimiento de la Tomografía con Emisión de Positrones (PET), estos recursos experimentales fueron tomando forma en este campo, bajo la coordinación de Per E. Roland (Roland y Gulyas, 1995), quienes informan, mediante ésta tecnología, la activación de cortezas de asociación visual en instrucciones de alto orden, corroboradas luego por otros trabajos donde, a partir de órdenes verbales, se implicaba la evidente actividad de la corteza visual occipital (Mellet *et al*, 1996; Mellet *et al*, 2002).

La misma línea de búsqueda condujo a estos investigadores (D'esposito *et al*, 1997) a realizar pruebas de Resonancia Magnética Funcional, con disposiciones experimentales concebidas por Martha Farah una década antes, que consistían en dar comandos verbales, o generar palabras relativas a la imagen mental que se buscaba.Teniendo claro que la percepción del objeto, también podía ser visuoespacial, y tratando de aclarar este paradigma, los investigadores estudiaron 15 cerebros por RMNf, utilizando estímulos auditivos y sin *input* visual, para comprobar generación de imágenes (Ganis *et al*, 2004).

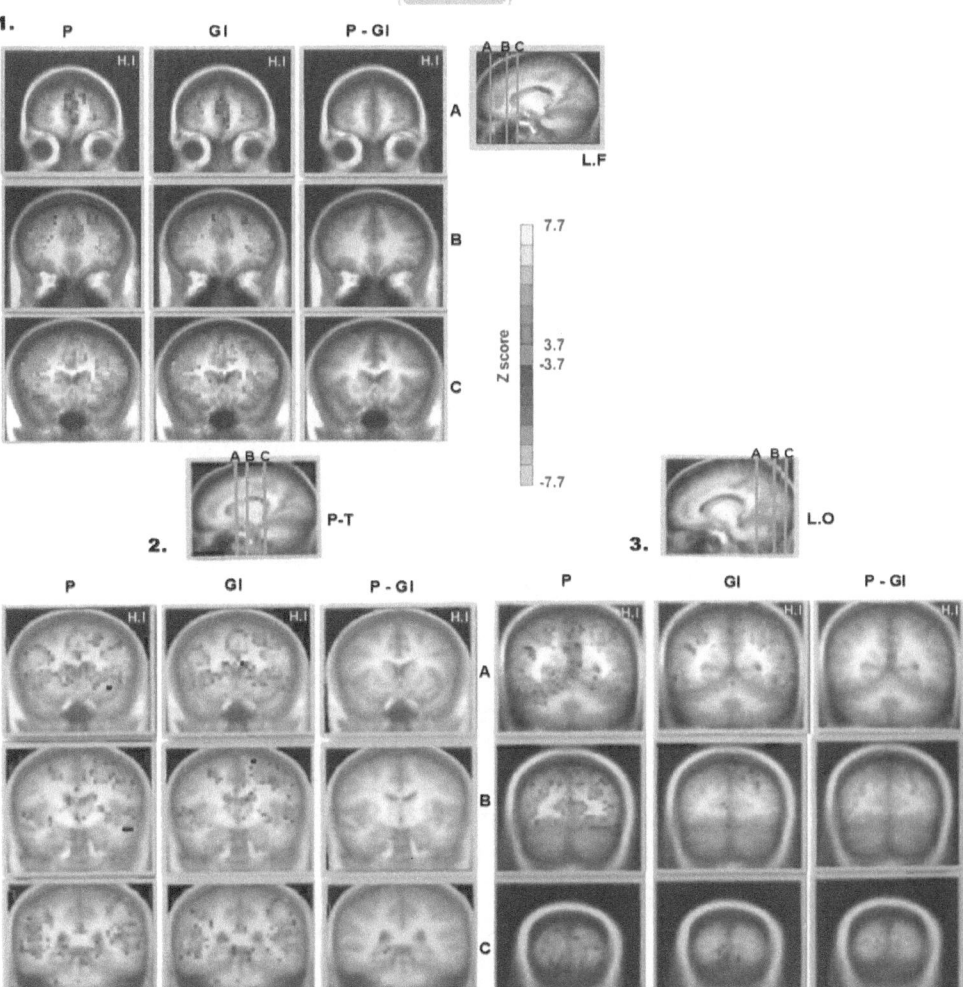

Fig 4.18 La construcción de la imagen mental. Actividad de mayor frecuencia en 15 humanos con hemisferio izquierdo dominante, visión normal y sin antecedentes neurológicos. Por resonancia magnética funcional, se realizó un rastreo completo de las áreas cerebrales involucradas en condiciones de percepción (bajo un estímulo auditivo previo y ojos cerrados), confrontándolas en un tiempo hemodinámico de 4.5 seg., para apreciar la actividad equivalente en la generación mentalmente la imagen (G.I). Posteriormente, con ojos abiertos, se realizó un control perceptivo visual con figuras lineales resaltadas en bajo contraste sobre un fondo negro. 1). En área frontal, (L.F) hay actividad en giro frontal medio e inferior, corteza insular y CCA. Activación negativa, (–3.7 a –7.7, color azul) en corteza frontal superior y medial. 2). En área parieto-temporal (P-T), activación en giro postcentral, CCP, giro fusiforme y parahipocampal, circunvoluciones temporales y activación negativa en el giro

temporal superior y en área supramarginal. En 3). La activación en la corteza occipital (L.O), fue más extensa y con mayor intensidad durante la percepción (P) que durante la G.I. En condiciones (P), se activó el giro occipital inferior, así como la cisura calcarina incrementó su actividad, sólo durante las pruebas de percepción visual y de generación de la imagen. También se reportó actividad en cerebelo y vermis. (A,B,C en el corte sagital, indican el sitio de corte coronal). El análisis de P – G.I, evidencia el índice de actividad cerebral tras la sustracción de la tarea imaginaria (Modificado de Ganis *et al*, 2004).

Los resultados fueron analizados especialmente en las áreas involucradas de procesamiento visuo-espacial y límbico en dos tiempos que se identificaban con procesamiento perceptivo y con generación espacial de pensamientos traducidos en actividad cognitiva (Ver Fig. 4.18).

Los análisis experimentales en RMf, revelaron activación temporo-occipital, que se extendía por regiones de la corteza occipital, pero no hacia la corteza visual primaria. Estudios posteriores incluso con modelos de emulación (Moulton & Kosslyn, 2009) y asociando imagen mental con memoria de trabajo (Borst et al, 2012); concuerdan con las hipótesis del grupo de Pensilvania, en el sentido de que deficiencias y agnosias visuales, propias de las alteraciones peri-perceptuales, no alteran la capacidad del individuo para ejercer la representación mental de una idea (Bartolomeo, 2002).

Las bases neurales de la representación mental del objeto parecen consolidarse en los albores del siglo XXI (Pearson & Kosslyn, 2013). La discusión de las ambigüedades intrínsecas y de carácter conductual de J.R. Anderson, unas décadas antes, iniciaron un franco camino a la resolución del famoso "debate" hacia una compresión lógica del problema que conduce a conceptualizar la dualidad mente-imagen (Moulton & Kosslyn, 2007). La manera como se genera una imagen mental generó algunas primeras respuestas contundentes. Una de las ideas básicas, es que, cuando menos algunos sustratos neurales de la representación mental de la imagen tienen que ver con un formato "espacial" (Farah, 1989, Pearson & Kosslyn, 2013). Esta conclusión surge de los estudios en pacientes que tienen daño en procesos visuales, relacionados con la percepción del color, localización de objetos y forma de los mismos, que resulta de la pérdida de estas propiedades en la representación final de la imagen (D'esposito, 1997). De una manera concreta, podría decirse que el concurso de la integración dorsoventral de V1 traduce una función visuoespacial conjunta para generar la imagen (Mechelli *et al*, 2004).

Durante la percepción visual, los estímulos inician diferentes procesos para ser concretados en la corteza visual. Comienzan en la retina, siguiendo su vía hasta el Núcleo Geniculado Lateral, y llegando al área 16, 17 y 18 de *Brodmann*, donde se preserva toscamente el mapeo espacial de la retina, y de hecho, culminan con la representación abstracta (espacial) de los objetos percibidos en cortezas parietales y temporales.

Los procesos de activación visual, que están vinculados con mecanismos *Bottom-up* o "Aferente" *(de abajo hacia arriba) y top-down* o "Eferente" *(hacia abajo),* son los que finalmente generan la imagen, y están sustentados en la mayoría de estudios de neuroimagenes en este campo (Egeth & Yantis, 1987; Farah MJ, 1995). En ellos se sitúa, a pesar de la gran polémica existente, la importancia del papel que desempeña la corteza temporo-occipital izquierda en la conformación intelectual de las imágenes (Mechelli *et al*, 2004). La imagen mental parece ser "eferente", o de activación cefalo~caudal, siguiendo la línea de funcionamiento de algunas áreas de la corteza visual, como las utilizadas para procesamiento de percepción e imagen. Las mismas que son importantes en figura, forma, color y localización espacial que se dan en la atención visual. Inversamente, existen otros mecanismos de generación de la imagen que tienen una activación de la percepción *hacia arriba*, o sea, "aferentes". Estos mecanismos son respaldados por los estudios realizados en pacientes con daño cerebral, quienes demostraron generar imágenes mentales por vías alternas (Mellet *et al*, 2002; Mechelli *et al*, 2004). Los investigadores presentan respecto a estos paradigmas de la patología visuo-espacial, modelos de emulación experimental que puedan ayudar a resolver el problema (Moulton & Kosslyn, 2007).

Un segundo aspecto que tiene que ver con la representación de la imagen es la función que involucra conexiones cerebelares en este fenómeno. A principios de 1990, se tenía entendido que el cerebelo asumía un papel de eminencia motora en las funciones cerebrales. Sin embargo, en los últimos años se ha demostrado que las actividades cerebelares tienen especial influencia sobre los mecanismos de recuperación de la memoria

(Leiner *et al*, 1995) y, por tanto, de la representación de la imagen.

Roberto Cabeza y Lars Nyberg, en Edmonton y Suecia respectivamente, tienen amplias compilaciones en el tema, especialmente en pacientes sanos.

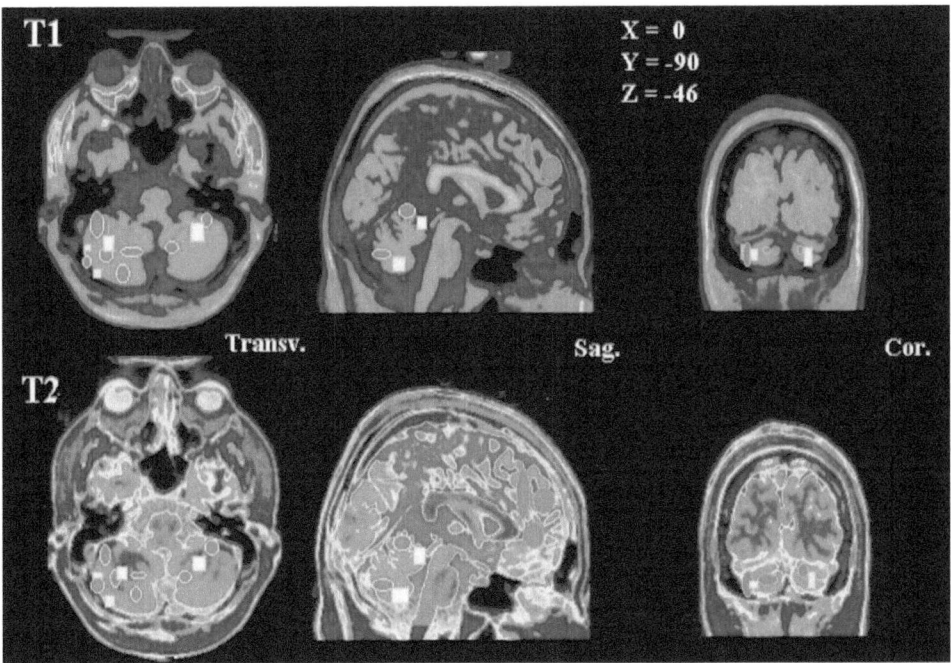

Figura 4.18 Actividad por correlato Neuroimagenológico bajo simulación de RMN*
Según el diagrama, los puntos de activación magenta son los de recuperación verbal episódica implicados en el procesamiento semántico de la imagen cuando hay muy baja actividad perceptiva del objeto (cuadrados amarillos). Nótese que las áreas de recuperación de la información tienden a lateralizarse (círculos rosa). Estas evidencias de recuperación episódica fueron igualmente observadas, ipsilateralmente, en regiones prefrontales, por el grupo del profesor Endel Tulving, en Toronto, Canadá. x,y,z; son coordenadas estereotáxicas. (a partir de Nyberg, Tulving *et al*, 1995 y Cabeza & Nyberg, 2000).

*** Ver **mención referencial** sobre el simulador de RMN y su aplicación didáctica, en páginas de introducción general.

En el recuadro, se observan los picos de activación cerebelar con respecto al procesamiento mental de la imagen y su participación trascendental en tan crítica función de alto orden, que relaciona la percepción de los objetos, la recuperación verbal y no verbal en forma episódica, y hasta los picos de actividad que relacionan la memoria fonológica con la comprensión del lenguaje (Cabeza & Nyberg, 2000)..

Una orientación a corto y mediano plazo, de la investigación en la representación mental de la imagen, parece estar cimentada en modelos semánticos y en su procesamiento hacia la imagen. Algo similar al experimento de evocación de imágenes por palabras, realizado durante la lectura, al inicio de este módulo 17. Los reportes científicos evidencian activación de AB 22, encargada del procesamiento semántico, y su asociación con redes neuronales presentes en la corteza parieto-frontal, encargada del reconocimiento de iconos (Mellet *et al*, 2002), que siguen un procesamiento bimodal de alto orden (Mechelli *et al*, 2004). Lo anterior, es parte de las garantías concienciales de tareas de acoplamiento colectivo neuronal de orden superior, generadas en el H.I. (*Cfr.* Libro 19).

La perspectiva actual respecto a la representación de las imágenes mentales, queda a disposición de nuevos protocolos y a la capacidad aplicativa del proceso de la imagen mental, el cual no es solamente visual, sino que puede estar asociado a otras funciones sensoriales y cognitivas (Pearson & Kosslyn, 2013

EXCERPTA SUCINTA

- La corteza cerebral, con sus múltiples capas y una exuberante actividad interneuronal —basada en su pluridiversidad—, representa el grado máximo de evolución y especialización celular en todas las especies.

- El constante remapeo cortical, las ventajas de la neuroimagen aplicada, y el correlato analítico de las funciones cerebrales superiores, son herramientas que cotidianamente ayudan a comprender, cada vez mejor, las maravillas que emergen de sus inagotables conexiones.

- Las funciones cognitivas son definidas por la actividad cortical y por la participación independiente de cada hemisferio, que resulta muy determinante en algunos desempeños de alto comando cerebral.

- Actualmente, se considera que en la vía tálamo-cortical visual, el procesamiento del color, implica la participación del sistema *konio*-celular; siendo la capa IV B de V1, la más involucrada en la integración de formas, color y movimiento.

- El procesamiento cortical de la función visual involucra cognitivamente, los mecanismos de atención selectiva y la representación mental de la imagen, que conforman, por supuesto, una fascinante valía como elementos concienciales.

Literatura Fundamental y **Sugerencias Bibliográficas.**

Baddeley A (2012). Working memory: theories, models, and controversies. Annu Rev Psychol. 2012;63:1-29.

Briggs F & Usrey WM (2009). Parallel processing in the corticogeniculate pathway of the macaque monkey. Neuron. 62 (1): 135-46

Borst G, Ganis G, Thompson WL & Kosslyn SM (2012) Representations in mental imagery and working memory: evidence from different types of visual masks. Mem Cognit. 40(2):204-17

Buzsáki G, Logothetis N & Singer W (2013). Scaling brain size, keeping timing: evolutionary preservation of brain rhythms. Neuron. 80(3):751-64

Horton JC (1984) Cytochrome Oxidase patches: a new cytoarchitectonic feature of monkey visual cortex. Phylos. Trans. R. Soc. Lond. B. Biol Sci. 304:199-253

Jones EG & Peters A (Eds). (1984-1998). Cerebral cortex series. Vol: 1—14. New York: Plenum Press.

Livingstone M.S., Hubel D.H. (1984) Anatomy and physiology of a color system in the primate visual cortex. J.Neurosci. 4:309-356

Luria AR. (1977) Las Funciones Corticales Superiores del Hombre. Editorial Orbe, La Habana.

Mechelli A, Price CJ, Friston KJ, & Ishai A (2004) Where Bottom-up Meets Top-down: Neuronal Interactions during Perception and Imagery. Cereb Cortex. 11:1256-65.

Milner AD (2012). Is visual processing in the dorsal stream accessible to consciousness. Pro **Biol Sci.** 279 (1737):2289-98.

Mouton PR (2014) Neurostereology: Unbiased Stereology of Neural Systems. Wiley-Blackwell.

Nieuwenhuys R (2013). The myeloarchitectonic studies on the human cerebral cortex of the Vogt-Vogt school, and their significance for the interpretation of functional neuroimaging data. Brain Struct Funct. 218(2):303-52.

Pisella L, Alahyane N, Blangero A, Thery F, Blanc S & Pelisson D (2011). Right-hemispheric dominance for visual remapping in humans. Philos Trans R Soc Lond B Biol Sci. 366(1564):572-85.

Rolls ET (2013). A biased activation theory of the cognitive and attentional modulation of emotion. Front Hum Neurosci. Mar 18;7:74

Saenz M & Langers DR (2014). Tonotopic mapping of human auditory cortex. Hear Res. 307:42-52

Sincich LC, Jocson CM & Horton JC (2010) V1 interpatch projections to v2 thick stripes and pale stripes. J Neurosci. 30:6963-74

Sporns O, Tononi G & Edelman GM (2002) Theoretical neuroanatomy and the connectivity of the cerebral cortex. Behav Brain Res. 135: 69-74.

Susilo T & Duchaine B. (2013) Advances in developmental prosopagnosia research. Curr. Opin Neurobiol.;23(3):423-9

Springer SP & Deutsch G (1985) Left Brain-Right Brain. WH Freeman and Co. NY.

Sternberg, R.J., & Kaufman SB (Eds.) (2011): The Cambridge Handbook of Intelligence. New York, NY: Cambridge University Press.

Stringham NT, Sabatinelli D & Stringham JM (2013) A potential mechanism for compensation in the blue—yellow visual channel. *Front. Hum. Neurosci.* 7:331.

Van Essen DC (2013). Cartography and connectomes. Neuron. 80(3):775-90

Von Bonin G (1960), Some papers on the cerebral cortex. Charles C. Thomas, Publisher. Springfield, Illinois.

Wang DJ, Rao H, Korczykowski M, Wintering N, Pluta J, Khalsa DS, Newberg AB (2011). Cerebral blood flow changes associated with different meditation practices and perceived depth of meditation. Psychiatry Res. 191(1):60-7.

Zeki S (1993) A Vision of the Brain, Blackwell Scientific Publications.

BIBLIOGRAFIA REFERENCIAL
LIBRO CUARTO
(Lecturas Recomendadas y **Esenciales**)

Austin JH (2013). Zen and the brain: mutually illuminating topics. Front Psychol. 24;4:784.

Aharon I, Etcoff N, Ariely D, Cahbris CF, O'connor E & Breiter HC (2001) Beautiful faces have variable reward value: fMRI and behavioral evidence. Neuron 32:537-51.

Allman J & Kaas J (1971) Representation of the visual field in striate and adjoinig cortex of the owl monkey (*aotus trivirgatus*). Brain Res. 35:89-106.

Allman J (1977) Evolution of the visual system in early primates. Prog. Psichobiol and Physiol. Psychol. 7:1-53.

Anderson J.R. (1978) Arguments concerning representation for mental imagery. *Psychol. Rew.* 85:249-77

Andreasen N.C. (1988) Brain Imaging: Applications in psychiatry. Science 239 1381-1388

Asanuma H & Rosen I (1972) Topographical organization of cortical efferent zones projecting to distal forelimb muscles in monkey. Exp. Brain. Res. 14:243-256

Atherton M, Zhuang JC, Bart WM, Hu X & He S. (2003) A functional MRI study of High level cognition. I, the game of Chess. Cogn. Brain. Res. 16:26-31

Bamiou DE, Musiek FE, Luxon LM (2003) The insula and its role in auditory processing. Brain Res. Rev. 42:143-154.

Bartolomeo P (2002) The relationship between visual perception and visual mental imagery: a reappraisal of the neuropsychological evidence. Cortex, 38:357-78.

Bechara A, Damasio H & Damasio A. (2000) Emotion, Decision Making and the Orbitofrontal Cortex. *Cerebral Cortex 10:295-307*

Bisiach E & Luzzatti C (1978) Unilateral neglect of representational space. Cortex 14:129-33.

Blasdel GG (1992) Differential imaging of ocular dominance and orientation selectivity in monkey striate cortex. II. Preference and continuity. J. Neurosci. 12:3115-61.

Brodman K (1903) *Beitrage zur histologischen lokalisation die grosshirnrinde: Erste Mitteilung der regio rolandica; und, Zweite mitterlung der calcarinatypus. Journal für psychologie und neurologie* 2: 79-107 y 133-159 Cit. in: Brodmann, 1909.

Brodmann K. (1909) *Vergleichende Localizationlehre*

Der Grosshirnrinde In Ihren Principien Dargestellt Auf Grund Des Zellenbaues. **Verlag, von Johann Ambrosius Barth. Leipzig.**

Cabeza R & Nyberg L. (1997) Imaging Cognition: an empirical PET studies with normal subjects. *J. Cogn. Neurosci.* 9:1, 1-26

Cabeza R & Nyberg L (2000) Imaging congnition II: an empyrical review of 275 PET and fMRI studies. J. cogn. Neurosci. 12:1-47.

Callaway EM (1998). Local circuits in primary visual cortex of the macaque monkey. Annu Rev Neurosci. 1998;21:47-74

Callaway EM (2005). Structure and function of parallel pathways in the primate early visual system. J Physiol. 566(Pt 1):13-9.

Casagrande VA (1994). A third parallel visual pathway to primate area V1. Trends Neurosci 17: 305–310

Casagrande VA & Kaas JH (1994). The afferent, intrinsic, and efferent connections of primary visual cortex in primates. In: Peters A, Rockland KS, editors. Cerebral Cortex Primary Visual Cortex in Primates. NY, Plenum Press.

Christensen JF & Gomila A (2012). Moral dilemmas in cognitive neuroscience of moral decision making: A principled review. Neurosci Biobehav Rev. 36 (4): 1249-64-

Churchland PS (2011) Braintrust: What Neuroscience Tells Us about Morality. Princeton University Press.

Churchland PS (2007) Neurophilosophy: the early years and new directions. Funct. Neurol. 22 (4): 185-195.

Craig AD (2010) The Sentient Self. Brain Struct. Funct . 214: 563-577.

Crick F & Koch C (2003) A framework for consciousness. Nat. Neurosci. 6:119-26

Cushman F, Murray D, Gordon-McKeon S, Wharton S, Greene JD. Judgment before principle: engagement of the frontoparietal control network in condemning harms of omission. Soc Cogn Affect Neurosci. 2012 Nov;7(8):888-95.

D'esposito M., Detre JA, Aguirre M, Tippet J, & Farah MJ (1997) A functional MRI study of mental image generation. *Neuropsichologia* 35:725-30

De Felipe J & Jones EG (1988) Cajal On The Cerebral Cortex. NY. Oxford University Press.

De Felipe J, Alonso-Nanclares L & Arellano JI (2002) Microstructure of the neocortex: comparative aspects. J. Neurocytol. 31:299-316.

De Yoe EA & Van Essen DC (1988) Concurrent processing streams in monkey visual cortex. Trends Neurosci. 11:219-226.

Duncan J, Seitz RJ, Kolodny J, Bor D, Herzog H, Ahmed A, Newell FN & Emslie H (2000) A Neural Basis for General Intelligence. Science 289:457-60

Egeth HE & Yantis S (1997) Visual attention: control, representation and time course. Ann. Rev. Psychol. 48:269-297.

Ehrlichmann H & Barret J. (1983) Right hemisphere specialization for mental imagery: a componential analysis. *Brain cognit.* 2:39-52

Eskandar EM, Richmond BJ & Optican LM (1992) Role of inferior temporal neurons in visual memory I. Temporal encoding of information about visual images, recalled images and behavioral context. J. Neurophysiol. 68:1277-1295.

Farah MJ (1984). The neurological basis of mental imagery: a componential analysis. Cognition. 18(1-3):245-72.

Farah MJ. (1989) The neural bases of mental imagery *TINS* 12:395-399

Farah MJ (1995) current issues in the neuropsychology of mental image generation. Neuropsychologia 33:1445-71.

Farivar R (2009). Dorsal-ventral integration in object recognition. Brain Res Rev. 61(2):144-53

Fauvel B, Groussard M, Chételat G, Fouquet M, Landeau B, Eustache F, Desgranges B, & Platel H (2014). Morphological brain plasticity induced by musical expertise is accompanied by modulation of functional connectivity at rest. Neuroimage. (*2014, Jan 10).*

Felleman DJ & Van Essen DC (1991) Distributed hierarchical processing in the primate cerebral cortex. Cerebral Cortex, 1:1-47.

Finke R.A. (1980) Levels of equivalence in imagery and perception. *Psychol Rev.* 87:113-32

Fuster JM (2001) The prefrontal cortex, an update: time is of the essence. Neuron. 30:319-33.

Flechsig PE (1905) Gerhinrn physiologie und willenstheorien. 5th International Psychological Congress, Rome 1905:73-189. In Von Bonin, 1960.

Fristch G & Hitzig E (1870) Uber die elektrische erregbarkeit des grosshirnrinde. Arch. F. Anat. Physiol. Und Wissenschaft. Mediz. 1870:300-332. IN Von Bonin, 1960.

Fulton JF & Jacobsen CF, (1935) The Functions of the Frontal lobes, a comparative study in monkeys, chimpazees and man. Adv. Mod. Biol. Moscow. 4:113-123. CIT EN: Goldman-Rakic PS. (1987) IN: Plum, F. & Mountcastle, V., eds. *Handbook of Physiology. (Am. Physiol. Soc. Bethesda, Md.)*

Gall FJ (1812) Anatomie et physiologie du système nerveux en général, et du cerveau en particulier. Vol 1. París-Schoell. (Extractado de Clarke E & O'Malley CD, (1968) The human brain and spinal chord, A historical study illustrated by writings from antiquity to the twentieth century. Berkeley, University Press.

Gaffan D. Harrison S. Y Gaffan E.A. (1986) Visual identification following inferotemporal ablation in the monkey. Q.J. Exp.Psychol. 38: 5-30.

Ganis G, Thompson WL & Kosslyn SM. (2004) Brain areas underlying visual mental imagery and visual perception: an fMRI study. Brain Res Cogn Brain Res. 20(2):226-41.

Gazzaniga MS, Bogen JE & Sperry RW (1962) Some functional effects of sectioning the cerebral commissures in man. Proc. Natl. Acad. Sci. USA. 48:1765-69.

Gertsmann J (1940) Syndrome of finger agnosia disorientation for right and left agraphia and acalculia. Arch. Neurol. Psych. 44:398-408.

Ghose G & Maunsell J (1999) Specialized representations in visual cortex: a role for binding? Neuron 24:79-85.

Glimcher PW, Camerer C, Poldrack RA & Fehr E (2009) Neuro economics, Decision Making and the brain. Academic Press.

Goodale MA & Milner AD (1992) Separate visual pathways of perception and action . Trends. Neurosci. 15:20-25.

Gray JR, Chabris CF & Braver TS (2003) Neural Mechanisms of general fluid Intelligence. Nat. Neurosci. 6:316-22.

Hadjikhani N, Liu AK, Dale AM, Cavanagh P & Tootell RBH (1998) Retinotopy and colour sensitivity in human visual cortical area V8. Nature Neurosci. 1:235-241.

Hagmann P, Cammoun L, Gigandet X, Meuli R, Honey CJ, Wedeen VJ, Sporns O (2008) Mapping the structural core of human cerebral cortex. PLoS Biol. Jul 1;6(7):e159

Halligan PW, Fink GR, Marshall JC, Vallar G. (2003) Spatial cognition: evidence from visual neglect. Trends. Cog. Sci. 7:125-33

Heil F, Rajan R & Irvin DR (1992) Sensitivity of neurons in cat primary auditory cortex to tones and frequency modulates stimuli, II. Organization of response properties along the isofrequency dimension. Hear. Res. 63:135-56.

Heinke D, Humphreys GW. (2003) Attention, spatial representation, and visual neglect: simulating emergent attention and spatial memory in the selective attention for identification model (SAIM). Psychol. Rev. 110(1):29-87.

Hendry SH & Reid RC (2000) The visual pathway of Konio Cells. Ann. Rev Neurosci. 23:127-53

Hendry SH & Yoshioka T (1994) A neurochemically distinct third channel in the macaque dorsal lateral geniculate nucleus. Science 264:575-77-

Hesse C, Ball K & Schenk T (2012). Visuomotor performance based on peripheral vision is impaired in the visual form agnostic patient DF. Neuropsychologia. 50(1):90-7.

Hinaut X & Dominey PF (2013). Real-time parallel processing of **grammatical structure** in the fronto-striatal system: a recurrent network simulation study using reservoir computing. **PLoS One. 8(2):e52946**

Horton JC & Hubel DH (1981) Regular patchy distribution of cytochrome oxydase staining in primary visual cortex of macaque monkey. Nature 292:762-4

Hubel DH & Wiesel TN (1959) Receptive fields of single neurones in the cat's striate cortex. J. Physiol. 148: 574-91

Hubel DH & Wiesel TN (1961) Integrative action in the cat's lateral geniculate body. J. Physiol. 155:385-98

Hubel DH & Wiesel TN (1968) Receptive fields and functional architecture of monkey striate cortex. J. Physiol. 195:215-243.

Hubel DH & Wiesel TN (1974) Sequence regularity and geometry or orientation columns in the monkey striate cortex. J. Comp. Neurol. 158:267-94.

Hubel DH & Wiesel TN (1977) Functional architecture of macaque monkey visual cortex. Proc. R. soc. Lond. B. 198: 1-59.

Imig TJ & Adrian HO (1977) Binaural columns in the primary field (A1) of cat auditory cortex. Brain Res. 138:241-57.

Ishizu, T & Zeki, S. (2011). Toward a brain-based theory of beauty. PLoS One 6 (7) e21852

Javad F, Warren JD, Micallef C, Thornton JS, Golay X, Yousry T, Mancini L (2014) Auditory tracts identified with combined fMRI and diffusion tractography. Neuroimage. 84:562-74.

Kaas JH & Pons TP (1978) Organization of the somatosensory system of primates. IN: Schmitt FO, Worden FG, Adelman G & Dennis SG. The organization of the cerebral cortex, Cambridge, Mass. MIT press.

Kawabata H & Zeki S (2004) Neural correlates of beauty. J Neurophysiol. 91:1699-705.

Keenan JP, Wheeler M, Platek SM, Lardi G, & Lassonde M. (2003) Self-face processing in a callosotomy patient. Eur J Neurosci. 18: 2391-5.

Kinsbourne M (1970) The cerebral basis of lateral asymmetries in attention. Acta Psychologica 33:193-201

Kinsbourne M (1995) Models of consciousness: serial or parallel in the brain? IN: Gazzaniga M. Cognitive Neuroscience, MIT Press.

Klüver H & Bucy PC (1939) Preliminary analysis of functions of the temporal lobes in mokeys. Arch. Neurol. Psychiatr. 42:979-1000.

Koch C (1999), "Biophysics of Computation: Information Processing in Single Neurons" (Oxford U. Press).

Koelsch S, Kasper E, Sammler D, Schulze K, Gunter T & Friederici AD (2004) Music, language and meaning: brain signatures of semantic processing. Nat Neurosci. 7:302-7.

Kosslyn SM, Holtzman JD, Farah MJ & Gazzaniga MS (1985). A computational analysis of mental image generation: evidence from functional dissociations in split-brain patients. J Exp Psychol Gen. 114(3):311-41

Kosslyn SM, Thompson WL, Kim IJ, & Alpert NM (1995) Topographical representations of mental images in primary visual cortex. *Nature* 378:496-8

Lachica EA & Casagrande VA (1992). Direct W-like geniculate projections to the cytochrome oxidase (CO) blobs in primate visual cortex: axon morphology. J Comp Neurol. 1;319 (1):141-58

Landisman CE, Ts'o DY. (2002) Color processing in macaque striate cortex: electrophysiological properties. J Neurophysiol. 87:3138-51.

Lee VK & Harris LT (2013). How social cognition can inform social decision making. Front Neurosci. 25;7:259.

Leiner HC, Leiner AL & Dow RS (1995) The underestimated Cerebellum. *Human brain Mapping* 2: 244-254

Levine D.N., Warach J, Farah M. (1985) Two visual systems in mental imagery. Dissociation of What and Where in imagery disorders due to bilateral posterior cerebral lesions. Neurology 35:1010-1018

Levy, J (1970). Information processing and higher psychological functions in the disconnected hemispheres of commissurotomy patients. Unpublished doctoral dissertation, California Institute of Technology. (Ann Arbor, Mich.: University Microfilms No. 70-14, 844). Cit in: Sperry RW, 1981. Nobel Lectures.

Leyton ASF & Sherrington CS (1917) Observations on the excitable cortex of the chimpanzee, orangutan and Gorilla. Quart. J. Exp. Physiol. 11:135-222.

Libet B. (2002) The timing of mental events: Libet's experimental findings and their implications. Conscious Cogn. 2002 11:291-9; discussion 304-33.

Mellet E, Tzourio M, Denis M, Mazoyer B, *et al.* (1996) Functional anatomy of spatial mental imagery generated from verbal instructions. *J. Neuroscience.* 16:6504-12.

Mellet E, Bricogne S, Crivello F, Mazoyer B, Denis M, Tzourio-Mazoyer N. (2002) Neural basis of mental scanning of a topographic

representation built from a text. Cereb Cortex. 12(12):1322-30.

Melcher D & Bacci F (2013). Perception of emotion in abstract artworks: a multidisciplinary approach. Prog Brain Res. 204: 191-216

Merigan W.H., Maunsell J.H.R (1993) How parallel are the primate visual pathways? Annu. Rev. Neurosci. 16:369-402

Merzenich MM & Brugge JF (1973) Representation of the cochlear partition on the superior temporal plane of the macaque monkey. Brain Res. 50:275-296.

Meynert T (1891) Über das Zusammenwirken der gehirntheile . IN Von Bonin, 1960.

Mishkin M, Ungerleider LG. (1982). "Contribution of striate inputs to the visuospatial functions of parieto-preoccipital cortex in monkeys.". *Behav Brain Res,* 6 (1): 57–77.

Mishkin M, Ungerleider LG, Macko KA (1983) Object vision and spatial vision: Two cortical pathways. Trend Neurosci. 6:414-417

Mort DJ, Malhotra P, Mannan SK, Rorden C, Pambakian A, Kennard C & Husain M (2003) The anatomy of visual neglect. Brain 126:1986-97.

Moulton ST & Kosslyn SM (2009). Imagining predictions: mental imagery as mental emulation. Philos Trans R Soc Lond B Biol Sci. 364(1521):1273-80

Mountcastle VB (1957) Modality and topographic properties of single neurons of cat's somatic sensory cortex. J. Neurophysiol. 4:1-24

Mountcastle VB (1997) The Columnar Organization of the Neocortex. Brain 120:701-722

Nyberg L, Tulving E. et al (1995) Functional brain maps of retrieval mode and recovery of episodic information. Neuroreport 7: 249-252

Obermayer K & Blasdel GG. (1993) Geometry of orientation and ocular dominance columns in monkey striate cortex. J Neurosci. 13:4114-29.

O'Rourke NA, Dailey ME, Smith SJ & Mc Connell SK (1992) Diverse migratory pathway in the developing cerebral cortex. Science 258:299-302

Pakkenberg B, Pelvig D, Marner L, Bundgaard MJ, Gundersen HJ, Nyengaard JR & Regeur L (2003). Aging and the human neocortex. Exp Gerontol. 38(1-2):95-9

Pakkenberg B & Gundersen HJ (1997). Neocortical neuron number in humans: effect of sex and age. J Comp Neurol. 384(2):312-20

Paivio A. (1971) Imagery and Verbal Processes. New York: Holt, Rinehart and Winston Inc.

Pearson J & Kosslyn SM (2013). Mental imagery. Front Psychol. 4:198

Penfield W & Rasmussen T (1950) The cerebral cortex of man. A Clinical study of localization of function. Mac Millan N.Y.

Penfield W & Jasper H (1958) Epilepsy and the functional anatomy of the human brain. Little Brown and company, Boston.

Pessoa L & Ungerleider LG. (2004) Neuroimaging studies of attention and the processing of emotion-laden stimuli.*Prog Brain Res.144:171-82.*

Pollmann S & Von Cramon DY (2000) Object working memory and visuospatial processing: functional neuroanatomy analyzed by event-related fMRI. Exp Brain Res. 133(1):12-22.

Poremba A, Malloy M, Saunders RC, Carson RE, Herscovitch P, Mishkin M. (2004) Species-specific calls evoke asymmetric activity in the monkey's temporal poles. Nature. 427:448-51.

Rakic P, Sidman RL. (1973) Weaver mutant mouse cerebellum: defective neuronal migration secondary to abnormality of Bergmann glia. Proc Natl Acad Sci U S A. 70:240-4.

Rakic PO (2002) Neurogenesis in Adult primates. Prog. Brain Res. 138:3-13

Rakic P. (2004) Genetic control of cortical convolutions. Science. 303:1983-4.

Ramachandrán VS (2001) Psychophysical investigations into the neural basis of synaesthesia. Proc. R. Soc. Lond. B. 268:979-83.

Ramón y Cajal S. (1899-1904) Textura Del Sistema Nervioso Del Hombre y De Los Vertebrados. (1ᵉʳᵃ edición) Imprenta y librería, de Nicolás Moya, Carretas 8 y Garcilaso 6, Madrid.

Roland PE & Gulyás B (1995) Visual memory, Visual imagery and visual recognition of large field patterns by the human brain. Functional anatomy by PET. Cerebral cortex 1:79-93

Rueckl J G., Cave KR, Kosslyn S.M (1989) Why are What and Where processed by separate cortical visual systems? A computational investigation. J. Cogn. Neurosci 1: 171-186

Schenk T, Mai N, Ditterich J, Zihl J. (2000) Can a motion-blind patient reach for moving objects? Eur J Neurosci. 12:3351-60.

Schlereth T, Baumgartner U, Magerl W, Stoeter P, Treede RD. (2003) Left-hemisphere dominance in early nociceptive processing in the human parasylvian cortex. Neuroimage. 20(1): 441-54.

Schultz SK, O'Leary DS, Boles Ponto LL, Arndt S, Magnotta V, Watkins GL, Hichwa RD, Andreasen NC. (2002) Age and regional cerebral blood flow in schizophrenia: age effects in anterior cingulate, frontal, and parietal cortex. J Neuropsychiatry Clin Neurosci. 14:19-24

Sergent J (1993) Mapping the Musician Brain. Human Brain mapping 1:20-38

Sincich LC, Horton JC. (2003) Independent projection streams from macaque striate cortex to the second visual area and middle temporal area. J Neurosci. 23(13):5684-92.

Sincich LC, Park KF, Wohlgemuth MJ & Horton JC. (2004) Bypassing V1: a direct geniculate input to area MT. Nat Neurosci. 7:1123-8.

Sincich LC, & Horton JC (2005). The circuitry of V1 and V2: integration of color, form, and motion. Annu Rev Neurosci. 28:303-26.

Skinner BJ (1978) why I am not a cognitive paychologist. IN reflections and behaviorism and society. Englewood cliffs, NJ. Prentice hall.

Smiley JF, Hackett TA, Preuss TM, Bleiwas C, Figarsky K, Mann JJ, Rosoklija G, Javitt DC, Dwork AJ (2013). Hemispheric asymmetry of primary auditory cortex and Heschl's gyrus in schizophrenia and nonpsychiatric brains. Psychiatry Res. 214(3):435-43.

Smith GE (1907) A new topographical survey of the human cerebral cortex, being an account of the distribution of the anatomically distinct cortical áreas and their relationship. Journal of anatomy and

Physiol. 41:237-254. Cit in: Brodmann, 1909.

Smith T, Singh KD, Williams AI & Greenlee MW (2001) Estimating receptive field size from MRI data in human striate and extrastriate visual cortex. Cereb. Cortex. 11 (12) 1182-90.

Sporns O, Tononi G & Kötter R (2005). The human connectome: A structural description of the human brain. PLoS Comput Biol. 1:245–251.

Spurzheim JG (1825) Phrenology, or the doctrine of mind. 3rd 3d. London: Knight. Cit in: Essentials of Neural Sciences and Behavior. Simon & Schuster international Group, 1995

Squire LR, Knowlton B & Musen G (1993) The structure and organization of memory. Ann. Rew. Psychol. 44:453-95

Stark AK, Toft MH, Pakkenberg H, Fabricius K, Eriksen N, Pelvig DP, Møller M & Pakkenberg B (2007). The effect of age and gender on the volume and size distribution of neocortical neurons. Neuroscience. 150(1):121-30.

Sternberg RJ (2000) Cognition: the holy grial of general intelligence. Science 289:399-401.

Sur M, Wall JT, Kaas JH (1984) Modular distribution in neurons with slowly adpating and rapidly adapting responses in area 3b of somatosensory cortex in monkeys. J. Neurophysiol. 51:724-44.

Tanaka K & Saito H. (1989) analysis of motion of the visual field by direction, expansion/contraction and rentention cells clustered in the dorsal part of the medial superior temporal area of the macaque monkey. J. Neurophysiol. 62:626-641

Toga AW, Clark KA, Thompson PM & Shattuck DW, Van Horn JD (2012). Mapping the human connectome. Neurosurgery. 71(1):1-5.

Tootell RB, Silverman MS, Switkes E, De Valois RL. 1982 Deoxyglucose analysis of retinotopic organization in primate striate cortex.Science. Nov 26;218(4575):902-4

Tootell RB, Silverman MS, De Valois RL, Jacobs GH.(1983) Functional organization of the second cortical visual area in primates. Science 220(4598):737-9.

Tunturi AR (1950) Physiological determination of the arrangement of the affernt connections to the middle ectosylvian auditory area in the dog. Am. J. Physiol. 162:489-502

Ullman MT, Corkin S, Coppola M, Hickock G & Pinker S. (1997) A neural dissociation within languaje: Evidence that the mental dictionary is part of declarative memory, and that gramatical rules are processed by the procedural system. J. Cogn. Neurosci. 9: 266-76

Ungerleider LG & Mishkin M (1982) in Analysis of visual behavior, Two cortical visual systems, eds Ingle DJ, Goodale MA, Mansfield RJW (MIT, Cambridge, MA), pp 549–586

Ungerleider LG & Haxby JV (1994) What and where in the human brain. Curr. Op. in Neurobiol. 4: 157-165

Vaina LM, Gryzwacz NM, Saviroonporn P, LeMay M, Bienfang DC, Cowey A.(2003) Can spatial and temporal motion integration compensate for deficits in local motion mechanisms? Neuropsychologia. 41: 1817-36.

Vaina LM, Cowey A, LeMay M, Bienfang DC & Kikinis R. (2002) Visual deficits in a patient with 'kaleidoscopic disintegration of the visual world'. Eur J Neurol 9:463-77

Van Essen DC & Zeki SM (1978) The topographic organization of rhesus monkey prestriate cortex. J. Physiol 277:193-226.

Van Essen DC & Drury HA (1997) Structural and functional analyses of human cerebral cortex using a surface-based atlas. J Neurosci. 17:7079-7102

Van Essen DC, Drury HA, Joshi S &Miller MI (1998) Functional and structural mapping of human cerebral cortex: solutions are in the surfaces. Proc Natl Acad Sci U S A. 95:788-95.

Vogt C & Vogt O (1906) Zur kenntnis der elektrisch erregbaren hirnrindengebiete bei den säugetieren. Journal für Psychologie und Neurologie 8:277-456. CIT IN: Brodmann, 1909.

Volkow ND & Baler RD (2014). Addiction science: Uncovering neurobiological complexity. Neuropharmacol.. 76 Pt B:235-49.

Von der Heydt R. Peterhans E & Baumgartner G. (1984) Illusory contours and cortical neurons responses. Science 224:1260-1262

Von Economo C & Coskinas GN (1929). The cytoarchitectonics of the human cerebral cortex. Oxford Univ. Press. London.

Von Monakow C (1911) Localisation der hirnfunktionen. J. Für Psychologie und neurologie. 17:185-200. In: Von Bonin, 1960.

Woolsey CN & Walzl EM (1942) Topical projection of nerve fibers rom local regions of the cochlea to the cerebral cortex of the cat. Bull. Johns Hopkins Hosp. 71:315-44 Cit IN: Mountcastle, 1997.

Zeki S (1973) Colour coding in the rhesus monkey prestriate cortex. Brain Res. 53:422-427

Zeki S (1983) The distribution of wavelength and orientation selective cells in different areas of monkey visual cortex. Proc. Roy. Soc. Lond. B. 217:449-470.

Zeki S (1990) A century of cerebral achromatopsia. Brain 113:121-27

Zeki S (1992) The Visual Image in Mind and Brain. Sci. Am. 267 (3) 69-76

Zihl J. Von Cramon D. Mai N, Schmid C. (1991) Disturbance of movements vision after bilateral posterior brain damage. Brain, 114 : 2235-2252.

www.ingramcontent.com/pod-product-compliance
Lightning Source LLC
Chambersburg PA
CBHW021942170526
45157CB00003B/893